高职高专国家示范性院校系列教材

现场总线技术及其应用

主 编 王 晶

西安电子科技大学出版社

内 容 简 介

本书旨在介绍现场总线的理论基础和实际应用。理论基础部分除了常用的术语和定义外，重点介绍了各个现场总线的结构、特征、区别，从而快速让读者了解到它们之间的差异，并牢记它们各自的特点；实际应用部分则挑选了当前较为通用的设备，用具体的通信系统搭建、现场总线数据分析来帮助读者理解现场总线的实现过程及技术特征。

本书共 8 章，内容分别为现场总线技术概述、通信与网络基础、Modbus 现场总线及其应用、CAN 总线、Profibus 总线、工业以太网、非周期性数据的应用、现场总线的选择。书末附录简介了本书实验中所涉及的施耐德产品的一些特殊知识。

本书图文并茂，每一个关键的知识点、具体的操作步骤都配有表或图进行详细的说明。

本书可作为高职高专院校自动化、仪表类专业的基础教材，也可作为相关技术人员的参考用书。

图书在版编目(CIP)数据

现场总线技术及其应用 / 王晶主编. —西安：
西安电子科技大学出版社，2019.5(2022.11 重印)
ISBN 978–7–5606–5296–2

Ⅰ. ① 现⋯　Ⅱ. ① 王⋯　Ⅲ. ① 总线—技术—高等职业教育—教材　Ⅳ. ① TP336

中国版本图书馆 CIP 数据核字(2019)第 068684 号

策　　划　秦志峰
责任编辑　秦志峰
出版发行　西安电子科技大学出版社(西安市太白南路 2 号)
电　　话　(029)88202421　88201467　　邮　　编　710071
网　　址　www.xduph.com　　　　　电子邮箱　xdupfxb001@163.com
经　　销　新华书店
印刷单位　陕西日报社
版　　次　2019 年 5 月第 1 版　　2022 年 11 月第 3 次印刷
开　　本　787 毫米×1092 毫米　1/16　印　张　12
字　　数　280 千字
印　　数　4001～6000 册
定　　价　30.00 元

ISBN 978-7-5606-5296-2 / TP

XDUP 5598001–3

如有印装问题可调换

前　言

现场总线作为自动化工厂的基础和工业 4.0 的关键技术，是自动化从业人员必须熟悉和掌握的。但是由于一系列的历史原因，现场总线正处在一个"百花齐放"的时代——种类多、标准不统一，这是暂时无法改变的现状。这给自动化从业人员带来了很大的困难，现场总线学哪一个、怎么学、如何应用是很多人需要面对的严峻问题。

本书摘选了目前国内应用最广泛、最有发展前景的几种现场总线，从基础理论出发，从实际实验入手，力求"手把手"地教会大家现场总线的应用。理论部分只挑选出最核心、最关键的概念和定义，便于读者记忆和理解；实验部分挑选了目前最新的通信设备，通过详细的步骤介绍帮助读者熟悉现场总线建立的过程，从而建立通信控制和监视的概念。

Modbus RTU、CANopen、Profibus DP 这几种通信协议目前在国内已经有了大量的用户，也有了很多成功应用的案例，掌握这几种通信协议对于大家理解现场总线的工作过程、掌握现有设备的故障处理办法都是很有帮助的。工业以太网如 Modbus TCP、Ethernet IP、Profinet 则是最有发展前景的，它们最有可能成为未来现场总线的模板和基础，是当代自动化从业人员必须掌握的。

希望在不远的未来，现场总线的开放性能够最大化，并实现统一的标准，从而使自动化从业人员能够从众多的现场总线的搭建过程中脱离出来，将更多的精力放在提高自动化程度和智能制造上来。

全书共分为 8 章。第 1 章和第 2 章介绍了必备的理论基础知识，第 3～6 章则介绍了各个具体的现场总线的实际应用，第 7 章介绍了现场应用较少的非周期性数据的应用，第 8 章提出了现场总线的选择标准。附录则简单介绍了本书实验中涉及的施耐德产品的一些特殊知识。

王晶编写了全书所有章节的内容，高鑫工程师提供了本书实验中所需的设备并对附录中的知识进行了审阅。

由于编者水平有限，书中难免有不足之处，欢迎读者积极指正。

编　者
2019 年 1 月

目　　录

第1章　现场总线技术概述 1

  1.1　现场总线简介 1

    1.1.1　什么是现场总线 1

    1.1.2　为什么要使用现场总线 2

    1.1.3　现场总线的诞生与发展 3

    1.1.4　基于现场总线的数据通信系统 4

  1.2　现场总线的特点 5

    1.2.1　现场总线的硬件特点 5

    1.2.2　现场总线的协议特点 6

  1.3　企业级网络 7

    1.3.1　企业级网络的结构 7

    1.3.2　现场总线与企业级网络 7

  1.4　现场总线的组织及标准 8

    1.4.1　常用现场总线 8

    1.4.2　现场总线的组织及标准 9

  小结 9

  思考与习题 10

第2章　通信与网络基础 11

  2.1　通信基础 11

    2.1.1　基本术语 11

    2.1.2　数据编码 14

    2.1.3　数据传输方式 16

    2.1.4　信号的传输方式 18

    2.1.5　通信线路的工作方式 19

    2.1.6　通信校验和校正 19

  2.2　网络基础 21

    2.2.1　网络拓扑 21

    2.2.2　网络的传输介质 23

    2.2.3　网络的连接设备 24

    2.2.4　OSI 参考模型 25

  小结 27

思考与习题 27

第 3 章　Modbus 现场总线及其应用 29

  3.1　Modbus 总线概述 29

    3.1.1　Modbus 总线简介 29

    3.1.2　Modbus RTU 通信协议 30

  3.2　Modscan 软件与 ATS48 软启 Modbus RTU 通信实例 35

    3.2.1　硬件连接 35

    3.2.2　软启配置 36

    3.2.3　Modscan 软件配置 37

    3.2.4　通信数据分析 39

  3.3　M340 PLC 与 ATV71 变频器 Modbus 通信 41

    3.3.1　硬件连接 41

    3.3.2　变频器配置 42

    3.3.3　ATV71 Modbus 控制说明 43

    3.3.4　M340 PLC 硬件组态 46

    3.3.5　M340 PLC 编程 48

    3.3.6　实验调试 53

    3.3.7　多台变频器通信 53

  小结 56

  思考与习题 56

第 4 章　CAN 总线 57

  4.1　CAN 总线概述 57

    4.1.1　CAN 总线简介 57

    4.1.2　CANopen 通信协议 58

    4.1.3　CANopen 协议的物理层 59

    4.1.4　CANopen 协议的数据链路层 60

    4.1.5　CANopen 协议的应用层 61

  4.2　M340 PLC 与 Tesys T 电动机管理控制器 CANopen 通信实验 65

    4.2.1　硬件连接 65

    4.2.2　Tesys T 配置 68

    4.2.3　M340 硬件组态 70

    4.2.4　通信数据分析 77

  小结 81

  思考与习题 81

第 5 章　Profibus 总线 82

  5.1　Profibus 总线概述 82

    5.1.1　Profibus 总线简介 82

    5.1.2　Profibus DP 通信协议 83

  5.2　西门子 S7-300 PLC 与施耐德 ATV930 变频器的 Profibus DP 通信 88

    5.2.1　硬件连接 88

    5.2.2　变频器配置 89

    5.2.3　Profibus DP 通信实验 90

  小结 100

  思考与习题 100

第 6 章　工业以太网 101

  6.1　工业以太网概述 101

    6.1.1　工业以太网简介 101

    6.1.2　Modbus TCP/IP 通信协议 102

  6.2　M580 PLC 与 ATV930 变频器以太网通信实验 106

    6.2.1　硬件连接 107

    6.2.2　变频器配置 108

    6.2.3　M580 PLC 与 ATV930 变频器 Modbus TCP/IP 通信实验 109

    6.2.4　M580 PLC 与 ATV930 变频器 Ethernet IP 通信实验 127

  6.3　西门子 1200 PLC 与施耐德 ATV340 变频器的 Profinet 通信 135

    6.3.1　硬件连接 135

    6.3.2　变频器配置 136

    6.3.3　Profinet 通信实验 137

  小结 145

  思考与习题 146

第 7 章　非周期性数据的应用 147

  7.1　周期性数据和非周期性数据 147

  7.2　Modbus RTU 的非周期性数据 148

    7.2.1　使用 READ_VAR 和 WRITE_VAR 功能块 148

    7.2.2　使用 DATA_EXCH 功能块 149

  7.3　CANopen 的非周期性数据 154

  7.4　Profibus DP 的非周期性数据 157

  7.5　工业以太网的非周期性数据 162

  小结 163

思考与习题 163

第 8 章　现场总线的选择 164

8.1　现场总线的多样性 164

8.2　如何选择现场总线 165

小结 168

思考与习题 169

附录 1　施耐德变频器 I/O Scanner 介绍 170

附录 2　施耐德变频器的通信控制流程 173

附录 3　施耐德 SoMove 软件的安装、联机和配置 180

参考文献 184

第 1 章　现场总线技术概述

知识目标

(1) 了解现场总线的发展历史。
(2) 理解现场总线的特点。
(3) 了解现场总线和企业级网络的关系。

能力目标

(1) 掌握现场总线的优势及各种现场总线的特点。
(2) 了解现场总线的发展趋势。

1.1　现场总线简介

得力于计算机通信及单片机技术的快速发展，加上现代工厂对于自动化控制的快速、准确、安全、智能化的需求，现场总线在全球都呈现了爆发式的发展。作为工厂自动化控制和监视，以及企业信息交换的关键技术，现场总线无论是从协议的安全性、可靠性、速度上都实现了稳步的发展。在不远的未来，现场总线会为大规模的全球化工厂及高度智能的智慧工厂提供有力的支持。

1.1.1　什么是现场总线

现场总线是位于现场终端的控制器与远程的控制设备通过通信电缆，以公开的、规范的通信协议进行信息交换的系统。现场终端的控制器包括各种带有通信功能的仪表、传感器，如流量计、称重传感器、压力表、编码器等，还有各种阀门控制器、变频器、软启、电动机管理控制器等。远程的控制设备则包括各种带有通信功能的仪表、触摸屏、可编程控制器、工控机等。通过现场总线进行信息交换，可以是控制器与控制器之间，可以是控制设备与控制设备之间，当然还有应用最广的控制设备与控制器之间。简单地说，现场总线在现场应用最多的就是控制设备通过通信对控制器进行控制和监视。例如，可编程控制器通过通信控制变频器并读取变频器的运行状态，从而对现场设备即电机的启动、停止进行控制，并实时读取电机的电流、频率状态。

现场总线是自动化、智能化控制最基础、最关键的一部分。操作人员和控制设备通过现场总线对位于现场终端的控制器进行控制，并读取控制器实时的状态，最终实现控制器本身的正常运行及控制器之间的良好配合。一旦现场总线的通信终端受到干扰，则可能出现设备不受控制、无法了解设备运行情况等严重故障，轻则会影响生产的正常进行，重则会引起设备或人身安全事故。所以，现场总线的运行速度、稳定性、安全性是保障现场设备正常运行的基石。

在运行速度上，现场总线技术的进步正在经历一场大的变革。目前，我国使用范围较广的 Profibus DP，最高速度可达 12 Mb/s，但这个速度也无法满足日益扩大的生产规模和智能控制的需求。现在正在快速发展的工业以太网技术，最高速度可达 100 Mb/s，甚至 1000 Mb/s，正是为了满足现代生产对于现场总线速度的需求。在通信速度的追求上，现场总线的目标是没有止境的，因为只有速度越快，现场的信息交换才会越及时，全球化工厂和精密设备的远程控制才能变为可能。

运行的稳定性也是现场总线一直努力的方向。和商用及民用通信不同，位于工业现场的现场总线需要面对的是恶劣的工业现场环境，如高温和低温、强磁和强射频干扰、接地系统混乱等。为了保证信息交换的稳定进行，现场总线需要采用可靠、耐用、抗干扰能力较强的通信电缆(如屏蔽双绞线)，在通信协议中加入多种数据校验方式(如 CRC16 校验)，并不断确认设备是否有能力保证正常的通信(如 CANopen 里的心跳协议)，以保证在正常的工业现场下可以正常运行，并在通信故障发生时可以及时甚至是提前做出动作，防止故障扩大。

现场总线的安全性则分为两个方向，一个是面向安全设备的，另一个是面向通信本身的。面向安全设备方面，现在很多通信协议都在自己的规范中单独加入了安全设备的部分，牵涉安全设备的冗余、自检等，其目的是和安全设备做到更优的适配，保证在出现安全问题时可以正常地停机。面向通信本身方面，在前面稳定性的部分有必要的设置，如数据校验、心跳协议等，其目的是保证通信自身信息的安全，并在出现故障时可以做出正确的动作，如停机、报警等。得益于通信速度的加快，目前这一部分的内容在整个通信协议的交换信息中的占比越来越大，就是为了提高通信自身的安全性。

1.1.2　为什么要使用现场总线

在了解为什么要使用现场总线之前，我们不妨设想一下如果没有现场总线会怎么样：

首先是现场的控制线数量会大大增加。无论是开关量信号还是模拟量信号，都会需要单独的线路做支撑，控制线的数量会呈几何级数上升。庞大的控制线路会给现场的布线和维护带来很大的困难：布线时需要耗费大量的人力、物力且很容易出错，接线的点数变多也代表着故障点的增长，一旦出现故障，维护人员需要花费大量的时间来查找故障点，严重影响生产。如果控制回路的保护设置不当，则极易引发严重的事故。

然后是操作、维护人员的增加。由于线路复杂，现场需要大量的操作、维护人员来做设备的巡检、操作确认、维护工作。现场人员的工作量变大，而且对现场人员的技术能力要求更高。一旦设备或者线路出现故障，现场人员很难及时发现，容易引起故障扩大。这些无疑都提高了生产的成本，降低了生产的安全，加大了现场人员的压力。

最后是降低了生产的稳定性。开关量信号和模拟量信号都是纯粹的电信号，极易受到干扰。如果现场设计或施工不当，则在信号受到干扰时很容易出现设备误动、信息错误、无法安全停机等问题。如果是在施工阶段，技术人员尚可花费大量的时间对其进行排查；如果已进入生产阶段才发现类似问题，则需要花费大量的人力和物力来进行二次改造。

在使用了现场总线之后，这些问题都会迎刃而解。

控制线路数量方面，目前很多通信协议都是采用屏蔽双绞线。也就是说，每个节点设备只需要两根线就可以解决通信问题，所有的控制和监视，无论数量的多少都可以通过这两根线完成，而最终连接到控制设备上的线路也只有这两根。只要控制设备的运算能力足够，通信协议的通信速度足够，所有的信息交换都是在这两根线上完成的。布线时的工作会大大减少，技术人员只需要注意线路的可靠连接及线路阻抗的匹配即可。而一旦出现通信故障，维护人员也可以通过控制设备上反馈的通信故障的控制器来迅速找到故障点。

由于控制线路的简化，现场的操作、维护人员可以大大减少。技术人员通过人机界面即可快速地了解各个设备的运行情况，工作量也会减少很多。加上控制设备的数据记录功能，技术人员可以简单地导出各项历史运行数据，为设备的维护、维修、保养建立良好的数据基础。信息交换失败时，通过故障信息，技术人员可以对生产及时做出调整，并快速排查故障。

在稳定性方面，与开关量信号、模拟量信号不同，通信信号是一种数字信号，在受到干扰时虽然信号会产生畸变，但不会被通信线路上的设备认可和接收。得益于信号的校验技术，通信设备会对交换的信息的每一帧都进行校验，错误的信息是不会被执行的。例如，若用模拟量信号控制变频器，如用 0～10 V 控制变频器 0～50 Hz 的输出，则一旦模拟量信号受到干扰变大或变小，变频器输出的频率会随着增加或减小，这种错误的信号对于生产来说是非常危险的。如果使用现场总线控制变频器，则一旦受到干扰，变频器不会执行错误的信号，只会显示故障或者停机，从而提高了稳定性和安全性。加上信号的校验在整个信息交换的过程中是持续进行的，一旦通信信号出现问题，技术人员可以及时地发现问题，从而避免故障的扩大。

当然，使用现场总线会对技术人员的技术能力要求更高，但是现场总线带来的生产、制造、维护成本的下降，以及快速、安全和稳定，是值得我们花时间去熟悉和了解的。

1.1.3　现场总线的诞生与发展

在工业生产诞生的初期，工业现场是没有任何设备和仪表能够对生产过程进行控制和监视的。为了保障生产的持续进行，生产人员必须依靠不停的巡视、测量和自己的经验来了解现场的状态和控制设备的运行。这样很难保证生产的持续性，而且有很大的安全隐患，因为所有的现场信息不能及时地被生产人员获得。

后来随着机械仪表的发展，现场开始广泛地安装机械仪表，生产人员可以通过这些机械仪表得知现场的温度、压力等信号，提高了巡视的效率。但是，这些仪表都只能用于显示自己的数值，并不能把它转化为信号传递给其他的设备。所以，生产人员的工作压力还是很大，而且生产人员的数量非常多。和之前一样，生产是否能安全、持续地进行下去，和生产人员的工作是否认真、细致，以及他们的经验有很大的关系。

生产的规模在不停地扩大，原有的现场独立的仪表已经不能满足生产的需求。电子电路的发展给工业现场带来了拥有模拟量信号的仪表，它们可以通过直流的电压或电流信号来传递现场的信息。与此同时，用于控制电动机和电磁阀的电路也逐渐形成规模。小规模的集中控制室出现了，技术人员把生产的流程图绘制在控制柜上，并按照生产流程装上了各种仪表的表盘，在控制柜内安装了各种控制现场设备的控制电路，这样生产人员就可以在集中控制室内直接获得现场设备的运行情况，并及时地完成生产的调度工作。但是，模拟量信号需要一对一地连接，所有的控制电路也是由控制线路连接的，现场线路非常繁杂；而且模拟量信号抗干扰能力较差，控制电路也因为节点众多很容易出现故障。这个时期虽然生产人员减少了很多巡视而且操作更为简单，但设备维护的工作量变大了，一旦出现故障停机，技术人员需要耗费大量的人力、物力来排查故障。

模拟量信号是电压、电流信号，只能用于较小规模的车间级的生产，因为生产规模的增大带来的是线路的加长，模拟量信号会出现衰减，而且受到干扰的可能性更大。计算机和通信技术的发展给工业现场带来了数字信号。数字信号是以 0 和 1 两种状态为基础的，而且这两种状态允许的范围都比较宽，相比之下数字信号出现错误信号的概率非常小。即使是受到了强干扰导致数字信号通信失败，数字信号也会中断，而不是执行错误的操作。数字信号的这些优势相对于模拟量信号是非常明显的，对保证持续和安全生产非常有利。技术人员开始利用工业计算机、触摸屏进行集中控制，可编程控制器、数字化仪表和设备用于复杂控制逻辑的实现及信息的反馈。生产人员坐在计算机前就可以了解整个工艺段上各个设备的运行情况，所有的故障、报警一目了然并可以得到及时的处理。但是在这个时期，各个厂家对数字信号都处于探索的阶段，加上利益的驱使，各种现场总线是"百花齐放"但又各不相同。这种差异化给生产规模的进一步扩大带来了很大的困难，因为各个厂家都希望自己的现场总线能够成为统一的标准，不愿意兼容其他的现场总线实现互连。

现在我们正在经历的是工业以太网技术的发展。有了商业以太网的基础，工业以太网会以更快、更稳定、更安全的姿态出现。各种现场总线也开始积极地向工业以太网转换，它们互相的兼容性越来越强，这使得未来全球化的超大型工厂以及以人工智能为基础的智能工厂成为可能。未来的工厂或许一个人都不需要，计算机会根据市场的需要列出生产清单，并根据产品的特性将其下发到全球范围内最适合的工厂进行原材料的采购、产品的全自动化生产、产品的物流派送。我们人类需要做的，只是在闲暇的时候通过网络告知智能计算机我们的产品需求即可。

1.1.4 基于现场总线的数据通信系统

基于现场总线的数据通信系统是由以下几部分组成的：发送设备、接收设备、传输介质、传输报文、通信协议等。如前面现场总线定义中描述的，发送设备通过公开的、固定格式的通信协议，利用传输介质来传输报文到接收设备，以实现数据的交换。例如，现场的绝对值编码器通过通信将电机运行的位置信息传递给可编程逻辑控制器，可编程逻辑控制器根据内部程序逻辑判断电机应该继续前进还是后退，再将控制信号通过通信传递给变频器，变频器再驱动电机运行。这里的发送设备和接收设备可以是可编程控制器，也可以是绝对值编码器；传输介质是现场总线；传输报文是电机的位置信息及电机前进或后退的信号；通信协议是事先植入可编程逻辑控制器、绝对值编码器内的、一致的用于通信的规则。

通信的内容根据我们想要了解的信息不同，它们的长短是不同的。例如，我们想知道电机是否运行，只需要 0 代表停机，1 代表运行即可，在数据上只需要一个位(bit)就可以实现；但如果我们想知道电机运行后设备的具体位置，就可能需要一个字(word)即 16 个位了，因为需要包含是正向位置还是反向位置、是否是零位、旋转了多少圈、在一圈的哪个具体位置停止等众多信息；如果想知道变频器驱动电机是否正常运行，则需要很多个字才能完成，因为我们要读取状态字、电机频率、电机电流、电网电压等信息，还要通过控制字、给定频率的写入来实现对电机的控制。

根据通信帧长度的不同，可以把数据传输总线分为传感器总线、设备总线和现场总线。传感器总线的通信帧只有几个或十几个位，属于位级总线。设备总线的通信帧一般为几个到十几个字节(一个字节即 Byte，为 8 个位)，属于字节级总线。现场总线的通信帧可达到几百个字节，属于数据块级总线。当然，如果需要传输的数据块很长，则现场总线可以把它分包为若干个由几个到几十个字节组成的数据帧来传送。

以上是按照通信帧长度的不同给数据传输总线分级，但在实际应用中，人们往往会把用于通信的传感器总线、设备总线、现场总线都统称为现场总线。因为这些总线无论长短，都是用于满足现场数据交换的需求。

1.2　现场总线的特点

1.2.1　现场总线的硬件特点

现场总线的硬件特点主要体现在主站、子站、附件和连接上。

现场总线的主站和子站有内置或外加的通信模块、通信卡，而且支持相同的通信协议以实现互连。当然，如果现场总线的规模较大，也可能出现包含多个不同通信协议的子网的情况，但每个子网使用的一定是同一个通信协议。子网和子网之间，可以通过网关来实现协议的转换，以组成大的主网。主站除了具备通信能力之外，还具有强大的运算能力，因为在每一个扫描周期，主站都需要对通信的数据进行处理并做出响应。通信的速度越快，主站的运算能力的需求就越大，否则通信的实时性就无法体现出来。子站作为受控设备，相对来说运算能力的要求比主站要小得多，但也要能够及时执行主站的控制命令、监视命令并及时反馈信息。当然，现在很多子站也在提高自己的运算能力，这样就可以把较为简单的控制和逻辑用子站直接实现，主站发送的控制命令中只需要包含控制目标即可，具体的控制过程完全由子站独立完成，这就是由分布在现场各个位置的子站实现的全分布控制。

现场总线的附件有很多类型，除了上面提到的用于协议转换的网关外，还有用于总线集中连接的交换机、用于抑制信号反射的终端电阻、用于延长通信距离的中继器、用于地址分配的路由器或集线器等(部分可编程控制器也支持地址分配)、用于给通信提供电源的开关电源等。不同的通信协议需要的附件都是不同的，其现场条件也是不同的，这些将在后面章节的各个通信协议中详细介绍。

现场总线的网络式连接是它最重要的硬件特点之一。大部分通信协议都采用了屏蔽双绞线，所有的主站和子站都通过这两根导线来连接，所有的通信信息都是在这两根导线上完成的。除了执行通信的任务之外，部分协议和设备还需要这两根导线来提供运行的直流电源。与传统的开关量、模拟量控制系统相比，由于不需要一对一的点对点连接，垷场总线减少了众多的连线，也就是减少了众多的故障点，为系统的安全、稳定运行打下了基础。而且开关量、模拟量控制系统的信号类型繁多，电压、电流等级互不相同，容易互相干扰，需要大量的信号转换设备，接线错误时易引发短路造成设备损坏，这都给现场的调试、运行、维护带来很大的隐患。现场总线则拥有统一的电压等级和信号类型，简化了结构，节省了电缆，节约了转换设备，降低了制造成本，给技术人员和生产人员都带来了很大的便利。

1.2.2　现场总线的协议特点

经历了几十年的发展，现场总线已经拥有了众多的通信协议，但在基本的技术特点上，它们拥有以下很多共同点。

(1) 透明协议。现在有越来越多的通信协议将其内容透明化，也就是公开其协议内容。这给各个通信设备制造商带来了很大的便利，协议的公开使得各个制造商都能准确地理解其内容，便于不同的制造商制造的通信设备都能实现信息的交换。也就是说，只要使用的是同一个通信协议，即使通信设备来自全世界各个不同的制造商，它们也能实现准确无误的互联。这给通信设备的用户也带来了很大的便利，协议的透明意味着用户可以根据自己的需求采购不同制造商的设备，再把它们组成适合自己生产现场的网络。

但是也有一部分制造商出于利益的考虑，将自己的通信协议进行封闭化处理，这给其他制造商和用户都带来了很大的困扰，也不利于自己的通信协议的发展，是我们不推荐的处理方式。

(2) 实时性和准确性。现场总线的任务是对现场的设备进行控制和监视，通信的实时性是非常重要的。只有实时通信，才能及时地处理现场设备反馈的信息并及时地进行下一步的控制任务。现场设备在运行时，其动作通常都是按照固定的时序来反复执行的，如果主站没有及时地处理子站反馈的信息，或者主站没有及时地给子站下达下一步任务，其结果往往是灾难性的。通信的实时性主要通过加快通信的速度、提高主站的运算能力来实现。

通信的准确性是现场总线最基本的要求，错误的信息一样会带来灾难性的结果。在很多工况下，错误的信息往往比信息丢失还要严重。为了保证通信的准确性，各个通信协议都采用了很多诸如信息校验、设备状态校验的技术，用以保证通信的每一帧信息都是准确的。

(3) 工业现场环境的适应性。不同于民用和商用现场，使用现场总线的工业现场的环境通常都是很严苛的，高温、低温、高压、粉尘、油污、震动、腐蚀性气体、电磁辐射等都有可能造成现场总线的损坏、干扰，甚至是摧毁。一些特殊的工业现场还有更高的诸如防爆、阻燃的要求。这些对现场总线的适应性来说都是很大的挑战，仅仅能在实验室内稳定运行的现场总线是不够的。在工业现场，通常会采用防尘、防水、防爆、阻燃的壳体或材料来制造通信用的设备、附件、电缆，并采用隔离电源、滤波器等保证电源的可靠、抵抗干扰，也可以利用软件编程实现程序的滤波，以提高现场总线对工业现场的适应性。

(4) 分布控制。现在有越来越多的现场设备将特定行业的专用功能集成到内部，如施耐德的很多变频器都集成了 PID、制动逻辑控制、高速提升、传感器定位等功能。这样主站只需要给子站发送运行命令即可，专用功能的逻辑由子站依靠自己的运算来执行，这就是分布控制。分布控制的好处是分担了现场总线的通信压力，使现场总线可以专门用来处理重要的、特定的信息，而不是处理所有的现场信息，从而提高生产的安全性和稳定性。

1.3　企业级网络

1.3.1　企业级网络的结构

通过前面介绍可知，现场级网络的主要任务是对现场设备的控制和监视，它需要连接的是现场的各种执行器，通过现场总线的数据交换来了解现场的信息并对执行器发出命令，以保障快速、安全、稳定地执行完生产工艺。企业级网络则不同，它除了需要了解生产现场的信息外，还要对生产进行数据分析、对报表和图纸进行打印和传输、发送生产计划、执行资源分配，它需要连接的有个人 PC、服务器、操作站、打印机、制图仪、电话等各种不同类型的设备。

按照功能结构划分，企业级网络可以分为三个大的层级：ERP 企业资源规划层、MES 制造执行层、FCS 现场控制层。企业资源规划层负责在宏观上对生产和资源进行分配，制造执行层负责监控、计划、调度、管理等，现场控制层负责现场设备的控制和监视。

企业资源规划层和制造执行层大多采用的是商业以太网，网络节点也大多采用的是商用的计算机、服务器以及各种外设，无论是企业内部的信息交换，还是企业和外部的信息交换，相对来说处理过程都要更简单一些。现场控制层不仅要面对各种截然不同的执行器，还需要使用各大公司形形色色的通信协议，再加上各种 DCS、PLC、SCADA 不同的编程环境和编程语言，这一层面的信息处理过程就要复杂得多，需要使用大量的网关、转换器等设备，还要通过软件来实现数据的转换。工业以太网快速发展的另外一个重要目标，就是实现现场控制层的通信一致性，减少数据处理的繁复过程。但是，现在各大公司又在争相推广自己的五花八门的工业以太网，这和之前多种通信协议并存的局面是类似的，违背了实现一致性的初衷。

1.3.2　现场总线与企业级网络

现场总线位于现场控制层，也就是企业级网络的最底层。当然，位于最底层不代表现场总线的地位低，而是证明了它是企业级网络的基础。所有生产统计、计划、管理、调度需要的信息基础，都是通过现场总线获得的；所有生产任务的进行、故障后的紧急处理，都是通过现场总线执行的。

现场总线的主要任务，就是通过自动化系统的数据信息来完成生产的执行。这些数据信息包括电机的电流、电机的转速、管道的流量、阀门的状态、温度的高低、压力的大小等，还包括控制电机的启动和停止、打开和关闭阀门、发送警报等。现场总线传递的数据信息，是现场控制流程能够正常进行下去的基础，也是企业级网络非常重要的部分。

现场总线除了为现场控制层的内部数据交换提供支持以外，还需要和上层的网络即企业资源规划层、制造执行层进行连接，以实现外部数据交换。但是现场总线使用各种不同的通信协议，需要使用各种设备或集成技术实现数据的转换。第一种方法是使用网关，网关的两侧各连接两种不同的通信协议，由网关来进行数据处理和转换；第二种方法是将各种通信协议通过各自的板卡连接至工控机，由工控机来进行数据的读取和转换；第三种方法是使用 WEB server(即网页服务器)，它是集成在现场设备如变频器、PLC 内部的，可以方便地通过以太网来直接访问，以进行数据的交换。前两种方法都是通过设备来对通信协议进行转换的，而第三种方法则是基于以太网的，WEB server 是可以和其他通信协议并存的。例如，可以使用其他通信协议进行现场设备的控制和监视，WEB server 则只负责和上层进行数据交换，只要现场设备同时支持通信协议和 WEB server 即可。

现场总线和上层网络的连接，使得上层网络可以直接获得现场的数据信息，既扩展了企业级网络的功能，又扩大了企业级网络的范围。企业级网络不仅能处理生产的过程数据，还能进行生产的过程控制，这是逐步走向全球化工厂的基础。有了现场总线，人们就有了千里眼和顺风耳，可以远程地查询生产的状态、处理故障和报警信息，偏远地区、恶劣环境现场也无需人员值守，只需要远程控制即可。

现场总线是企业级网络的基础，它是远程生产过程控制、企业资源和生产分析的技术基石，为企业生产过程节省了大量的人力和物力。

1.4　现场总线的组织及标准

1.4.1　常用现场总线

统一的现场总线一直是各大工业控制领域组织和技术人员的目标，但由于涉及各大公司甚至国家利益，以及行业发展、经济制约、地域习惯等复杂原因，这一目标迟迟没有实现。目前为止，现场总线仍然处在一个百花齐放的时代，但各大厂商也逐渐理解了标准一致性的重要性，都开始逐步加强统一标准的工作。近期，各大制造商在工业以太网上的互相接触就是一个很典型的例子。

种类繁多的现场总线确实给现场技术人员带来了很多困难，无论是总线网络搭建时的协议转换，还是后期维护的故障排查，都带来了很多的人力和物力的浪费。但在现有的条件下，自动化行业的从业人员必须对现有的标准协议都有所了解，否则涉及现场总线的建设和维护都会变得寸步难行。

目前，在我国应用范围最广的还是 Profibus DP 通信协议，由于西门子公司的自动控制系统进入国内较早，网络上各种问题、故障的解决办法都有现成的案例，加上 Profibus DP 通信速度较快且 PLC 性能稳定，所以 Profibus DP 通信协议在国内得到了很好的推广，在冶金、纺织、港口、物流等众多行业都有了普遍的应用和经典的案例。

CANopen 通信协议则是得益于 CAN 总线在汽车行业的天然优势，一直在汽车行业得到了持续的发展。在汽车行业获得了众多的典型应用及成功案例后，开始逐渐向航天、石化、仓储、电力等行业扩张。CAN 总线的标准化、规范化也一直走在整个行业的前列，是一个很有未来前景的通信协议。

Modbus 通信协议是世界上第一个真正公开化、透明化的通信协议，在众多仪表及执行器上的应用使得它渗透到了各个不同领域的行业。由于其协议内容透明且消息帧结构简单，是很多自动化行业的从业人员必学的一种通信协议。因为，它在通信过程中的信息很容易理解，有益于技术人员了解通信的实质过程。无论是 Modbus RTU 还是 Modbus ASCII，都是从业人员很好的必修课。

当然，现在发展最快、最火爆的还是工业以太网，Profinet、Ethernet IP、Modbus TCP/IP 都在新的设备上得到了很好的普及。工业以太网通信速度快，而且有以前商业以太网技术做基础，是未来的主流通信技术。但是，工业以太网目前也没有实现标准的统一，刚才提到的三大以太网基本原理和结构都是有区别的，还有其他各大厂商开发的各种截然不同的工业以太网技术。标准的一致性，在工业以太网技术上仍然是一个任重道远的工作。

除了以上通信协议外，目前世界范围内还有诸如基金会现场总线(FF)、LonWorks 网络、ControlNet、Interbus、ASI 总线、DeviceNet、HART 等众多形形色色的现场总线，以及蓝牙、ZigBee 等无线通信技术，在必要的情况下，我们也需要对其应用有所了解。

1.4.2　现场总线的组织及标准

正如通信协议的百花齐放，现场总线的组织也是非常多的。如 Profibus 协会、工业以太网协会、现场总线基金会、ODVA 组织等，这些组织的主要任务是对旗下的通信协议进行标准制定、技术支持、市场推广等工作。当制造商或用户对通信协议内容及使用有疑问时，可以直接通过这些组织获得相关的信息。但是，这些组织仅仅负责其旗下的通信协议，而且会对现场总线的一致性产生阻碍。国际电工委员会 IEC 和国际标准化组织 ISO 也加入了现场总线标准的制定，它们的目标是推出单一的现场总线标准，但是它们的工作进展并不是十分顺利，如 IEC 的现场总线标准从数据链路层开始就一直处于混乱的状态。工业以太网的快速发展本来是现场总线一致性的良好契机，但是各大厂商和现场总线组织都在自己已有的通信协议基础上来构建工业以太网协议，导致各个工业以太网的基本结构完全不同的尴尬局面。

现场总线的标准也是非常多的，其数量要多于通信协议的种类，因为同一个现场总线不仅有自己的标准来对自身进行规范化，也会因为推广被写入一些国家或者组织的标准中。常见的标准有国际电工委员会 IEC 的物理层标准 IEC61158-2，和 Profibus 相关的德国国家标准 DIN19245 及欧洲标准 EN50170 等，和 CAN 相关的 ISO11898 等。现场总线标准的主要功能是标准化、规范化现场总线的使用，以避免不必要的故障，减少现场的工作量。现场总线标准的多样化一样给自动化从业人员带来了很大的困难，技术人员在同一个现场可能要翻阅多个截然不同的标准。

小　　结

本章主要介绍了现场总线的历史，分析了其主要优点及在企业级网络中的重要地位。虽然现在有形形色色的各种现场总线，但它们的硬件及协议还是有很多共通性的。现场总线给工业生产带来了便捷性、安全性和稳定性，是工业自动化的基础。目前，各大厂商都在加紧推广自己的现场总线，也从侧面反映了现场总线的重要性。

现场总线未来发展的目标不仅是更快、更稳定、更安全，还要继续加紧标准一致性的推广。统一的现场总线会使工业自动化的实现更为简便和安全，也是所有自动化从业人员的期望。

思 考 与 习 题

1. 什么是现场总线？
2. 相较于开关量信号和模拟量信号，现场总线有哪些优势？
3. 哪些关键技术的发展推动了现场总线的普及？
4. 基于现场总线的数据通信系统是由哪几部分组成的？
5. 传感器总线、设备总线和现场总线有什么区别？
6. 现场总线的硬件连接有什么特点？有哪些优势？
7. 现场总线有哪些协议特点？
8. 按照功能结构划分，企业级网络可以分为哪几个大的层级？
9. 现场总线在企业级网络中的作用是什么？
10. 请列举几个常见的通信协议。

思考与习题参考答案

第2章 通信与网络基础

知识目标

(1) 了解通信和网络的基本术语。

(2) 理解数据的编码方式。

(3) 理解通信的校验和校正过程。

能力目标

(1) 掌握网络结构、设备的识别能力。

(2) 了解 OSI 参考模型包含的内容。

2.1 通 信 基 础

集成电路技术和通信网络技术是现场总线的基础，正是它们的发展推动了现场总线的进步。集成电路技术给现场总线提供了硬件基础，它负责用高度集成的电路上的电信号来传递通信信息，并组建成网络。通信和网络则给现场总线提供了信息和结构基础，它们负责处理信息、分配资源，并在发生故障时提供关键的故障信息。如果要理解现场总线，必须具备一定的通信和网络基础，它们会帮助理解现场总线的消息帧、校验方式、故障排查等。

通信主要负责处理的是数据，其系统包括总线结构、发送和接收设备、传输介质、通信软件等。数据的编码和传输方式、校验方式是影响稳定性和可靠性的重要指标。

2.1.1 基本术语

1. 总线

总线是指网络上各个节点共享的、信号传输的公共路径。以总线为载体，还包括很多组成部分：

(1) 总线段。总线段是指通过总线连接的一组设备，同一个总线段上的设备的连接和操作遵循同一种技术规范，同一个总线段上的各个节点能同时收到总线上的报文信息。多个总线段的相互连接可以构成网络。

(2) 总线协议。总线上的各个设备使用的统一的通信规则称为总线协议，它包含了通信介质、数据结构、校验方式等多种信息，而且它必须是提前定义好的、总线上设备共同遵守的协议。

(3) 现场设备。连接在现场总线上的物理实体(即各个网络节点)，具有测量控制功能和数据通信能力的传感器、继电器、控制单元、执行器都属于现场设备。

(4) 主站和从站。主站是在总线上能够发起通信的设备，从站则是在总线上对主站发起的通信进行执行及信息反馈的设备，但从站不能主动发起通信。总线上最常见的是一主多从的结构，即一个主站控制多个从站。一个总线上也可以有多个主站，即多主多从的结构，但同一时刻只能有一个主站获得发起通信的权利，即同一时刻只能有一个主站执行主站的功能。

(5) 总线仲裁。如果总线上有多个设备请求控制权，总线仲裁负责裁定下一个时刻具有控制权的设备，用以避免冲突。总线仲裁会分配每一个时刻的控制权，只有某一时刻的设备完成控制后，下一时刻的设备才会获得控制权，如此循环往复。设备占有控制权的时间叫总线占有期，设备为获得控制权而等待的时间叫访问等待时间。

2. 数据通信系统

数据通信系统是现场总线系统的基本功能，数据通信的过程是指两个或多个节点之间借助传输媒体进行信息交换。一个最简单的数据通信系统，由发送设备、接收设备、传输介质、通信软件等组成，如图 2-1 所示。

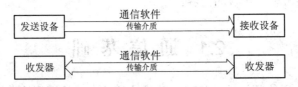

图 2-1　简单的数据通信系统

发送设备是指具有通信信号发送电路的设备，接收设备是指具有通信信号接收电路的设备。总线上的设备通常既有发送电路也有接收电路，它们通常被称为收发器。收发器通过发送电路在总线上发送请求信息，同时也通过接收电路接收总线上其他设备发送的信息并执行或反馈。

传输介质是指两个或多个节点之间连接的物理通路，是发送设备和接收设备信息传递的媒介。传输介质可以是有线的，如屏蔽双绞线、动力电缆、光纤等；传输介质也可以是无线的，如红外线、电磁波等。传输介质的主要特性包括物理结构、传输的速度和频率、点对点或一对多点的连接方式、最大传输距离、抗干扰性等。

通信软件包括总线上设备信息交换时使用的报文和通信协议等。报文是指需要传送的文本、命令、图片、声音等信息，也包括特定的指令或标志。通信协议是设备间用于控制数据通信和通信数据定义的规则，它定义了通信何时开始、何时结束、通信的内容及如何进行等。通信协议包含语法、语义和时序三大要素。

① 语法定义了通信中数据的结构和格式，如起始几位是源地址，随后几位是功能码，然后几位是目标地址及通信内容等。后面的章节中我们将对不同的通信协议的数据帧进行分析，主要就是分析它们的语法部分。

② 语义定义了通信数据中的每个部分。如通过通信读取变频器的状态字，从变频器反馈的信息中需要根据语义来判断是哪一台变频器反馈的信息，反馈的信息中变频器状态是否正常等。

③ 时序定义了数据发送时间的先后及发送速度。发送设备和接收设备必须通过各种方式校准始终来判断数据的先后，如果不知道数据的先后顺序，就像人说话前后颠倒一样，别人是无法理解的。发送设备和接收设备的发送和接收处理速度必须匹配，低速的设备是无法及时对高速的设备发出的请求做出响应的。

3. 通信的性能指标

通信的主要任务是传递信息，为了保证信息能够准确、快速地传递，有很多性能指标来对通信进行衡量，如通信的有效性、可靠性、频率特性、带宽、信道容量、信噪比等。

(1) 有效性：通信传输信息的能力。它同时也反映了通信系统资源的利用率。下面介绍与有效性有关的几个术语。

① 和传输速率相关的指标有比特率和波特率。比特率是指每秒传输数据的位数，单位为 bit/s 或者 b/s；波特率是指每秒传输信号的变化波形数，单位为 Baud 或者 B。如果每个信号包含一个数据位，则比特率和波特率相等；如果每个信号包含两个数据位，则波特率的值为比特率的一半。

② 吞吐量是指单位时间内通信系统接收和发送的比特数、字节数或者帧数。

③ 频带利用率是指单位频带内的传输速度，单位为 bit/s·Hz。它在比特率的基础上还考量了占用带宽的大小，是真正衡量通信有效性的指标。

④ 协议效率是指传输的数据包中有效数据位和整个数据包长度的比值，一般用百分比表示，协议效率越高，则通信有效性越好。

⑤ 传输延迟也叫传输时间，是指数据从发送端传送到接收端需要的时间。它由数据块从节点送上传输介质所用的发送时间、信号通过传输介质所需要的传播时间、经过路由器或交换机类的网络设备所需要的排队转发时间组成。

⑥ 通信效率是指数据帧的传输时间和发送报文的所有时间的比值。通信效率为 1，则意味着所有时间都有效地用于数据帧的传输；通信效率为 0，则意味着报文存在冲突和碰撞。

(2) 可靠性：通信接收信息的可靠程度。它的衡量指标是误码率。

误码率是指传输出错的二进制码元数和传输的码元总数的比值。实际应用中采用更多的是平均误码率，即对同一个通信系统进行重复测试后得出的平均值，或在某些特殊情况下重复测试后得出的平均值。

(3) 频率特性：取决于传输介质的物理特性和通信设备的物理特性。它分为幅频特性和相频特性。幅频特性是指不同频率的信号在通过信道后其输出信号幅值和输入信号幅值的比值；相频特性是指不同频率的信号在通过信道后其输出信号和输入信号的相位差。幅频特性和相频特性取决于整个通信通道由电阻、电容、电感组成的等效电路，如果输出信号和输入信号的幅频特性和相频特性太差，则代表经过传输介质后信号的严重失真。

(4) 带宽：包括信号带宽、信道带宽、介质带宽等。信号带宽是指信号频谱占有的频率宽度；信道带宽是指信道允许通过的物理信号的频率范围，即允许通过的最高频率和最低频率的差；介质带宽是指传输介质允许通过的物理信号的频率范围，它是由传输介质的物理特性决定的，每种传输介质都只能传输特定频率范围内的信号。

(5) 信道容量：信道在单位时间内能传输的最大比特数。如果通信过程中有噪声存在，信道中数据出现错误的几率就会变大，会降低信道容量。

(6) 信噪比：信号功率和噪声功率的比值，它被用于衡量噪声的大小。

2.1.2　数据编码

通信的主要任务就是传递数据，发送设备和接收设备必须按照事先约定好的、规范的编码来传递信息，这样发送设备才能有发送的规范编码，接收设备才能识别接收到的信息。在现场总线的应用中，有使用数字数据编码的，即使用高电平和低电平的脉冲信号来表示1和0的状态；也有使用模拟数据编码的，即使用连续的模拟信号的幅度、频率、相位来表示1和0的状态。

图2-2所示的4个信号发送的信息内容都是010110，信号1为数字数据编码，信号2为模拟数据编码(幅值)，信号3为模拟数据编码(频率)，信号4为模拟数据编码(相位)。

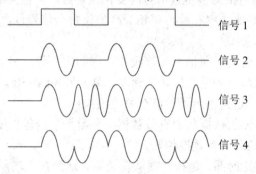

图 2-2　数字数据编码和模拟数据编码

1. 数字数据编码

数字数据编码中，已经有了众多的二进制编码方式，如4位二进制编码组成的BCD码，5位二进制编码组成的博多码，电报通信中应用的莫尔斯码，还有计算机数据编码中应用最广泛的ASCII码。(ASCII码是美国信息交换标准代码，它使用7位二进制编码组成的128种组合来对应多种数字、字母、符号、功能等，如十进制48～57对应数字0～10，十进制65～90对应大写字母A～Z等。)在现场应用中，还有不经任何处理直接传输的二进制编码，直接用二进制数值来对应现场的物理量信息，如温度、压力等。

数字数据编码有以下几种不同的波形：

(1) 非归零码：在整个码元时间内都维持其电平并保持逻辑值的编码。

(2) 归零码：在每个二进制信息传递完成之后都返回到低电平的编码，二进制信息传递持续的时间是任意的，但很多都是取码元时间的一半。

(3) 单极性码：高电平为逻辑1，低电平为逻辑0，即信号电平是单极性的。

图2-3所示为单极性非归零码和单极性归零码。在单极性非归零码波形图中，高电平代表逻辑1且持续不归零；在单极性归零码波形图中，高电平代表逻辑1且持续半个码元时间后归零，低电平代表逻辑0，但归零和自身是一样的值，所以无法在波形图中显示出来。

(4) 双极性码：正电平为逻辑1，负电平为逻辑0，即信号电平有正负两种极性。

图2-4所示为双极性非归零码和双极性归零码。在双极性非归零码波形图中，正电平

代表逻辑 1 且持续不归零，负电平代表逻辑 0 且持续不归零；在双极性归零码波形图中，正电平代表逻辑 1 且持续半个码元时间后归零，负电平代表逻辑 0 且持续半个码元时间后归零。

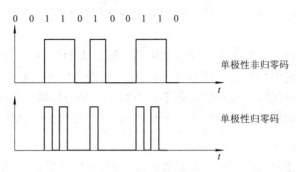

图 2-3　单极性非归零码和单极性归零码

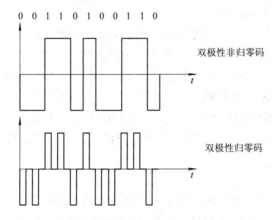

图 2-4　双极性非归零码和双极性归零码

(5) 差分码：在时钟周期的起点开始用信号电平是否变化来代表逻辑 1 或逻辑 0，而且差分码按照初始状态是高电平或低电平是有两种完全相反的成"镜像"的波形的，如图 2-5 所示。

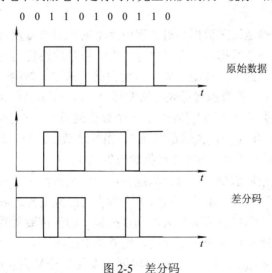

图 2-5　差分码

需要注意的是，单极性码和双极性码都是使用固定的电平来代表逻辑 1 和逻辑 0，无论是高电平、低电平、正电平、负电平，电平和 1、0 的对应关系都是固定的。差分码则截然不同，它不是使用固定的电平和逻辑 1 及逻辑 0 对应，而是用电平"变化"对应逻辑 1，电平"不变化"对应逻辑 0，这会使编码的人工阅读相对更困难一些，但是根据有无电平"变化"来区分数据会更可靠。

信息的传输还可以区分为平衡传输和非平衡传输，平衡传输中"0"和"1"都是传输的一部分，非平衡传输中则只有"1"被传输，"0"以没有脉冲在制定的时刻出现为标识。

在实际应用中，单极性、双极性，归零、不归零，平衡传输、非平衡传输等，这几种模式是组合使用的，如单极性、不归零、平衡传输这种方式就是应用最普遍的传输方式。

2. 模拟数据编码

模拟数据编码是使用模拟信号来表示数据的"0"和"1"状态的编码。在前文的图 2-2 中，我们提到模拟数据编码可以通过幅值、频率、相位的变化来实现，分为幅值键控、频率键控、相位键控三种不同的编码方式。

幅值键控中，信号的频率、相位不变，通过幅值的变化来实现编码。图 2-2 中的信号 2 就是幅值键控，通过正弦波的"有"和"无"来对应数据的"1"和"0"。

频率键控中，信号的幅值、相位不变，通过频率的变化来实现编码。图 2-2 中的信号 3 就是频率键控，通过正弦波频率的"低"和"高"来对应数据的"1"和"0"。

相位键控中，信号的幅值、频率不变，通过相位的变化来实现编码。图 2-2 中的信号 4 就是相位键控，通过正弦波相位的"0°"和"180°"来对应数据的"1"和"0"。

2.1.3 数据传输方式

数据传输方式是指数据在传输过程中的"顺序"和"同步方式"，数据传输方式依照不同的标准可以分为串行传输、并行传输，同步传输、异步传输，位同步、字符同步、帧同步。虽然在实际应用中我们不需要时刻将传输的数据按帧甚至是按位来分析，但是了解数据传输的方式会便于我们理解通信的过程，并对故障的排查有很大的帮助。

1. 串行传输与并行传输

串行传输和并行传输是按照数据传输过程中使用的通道数量及每个通道上的数据量来区分的。串行传输是在一条数据通道上以串行的方式按顺序逐位地传输数据；并行传输是在多条数据通道上以并行的方式成组地同时传输数据。例如，传输一个字节的数据"0110 1001"，串行传输是使用 1 条数据通道来依次发送 0，1，1，0，1，0，0，1，并行传输则使用 8 个预先排序的数据通道来同时发送，第 1 个数据通道发送 0，第 2 个数据通道发送 1，第 3 个数据通道发送 1，第 4 个数据通道发送 0，第 5 个数据通道发送 1，第 6 个数据通道发送 0，第 7 个数据通道发送 0，第 8 个数据通道发送 1。

串行传输需要的数据通道少，但每次只能发送一个数据位，而且发送方在发送前必须先确定是先发送数据的高位还是低位，接收方在接收前必须先知道收到的数据中第一个数据位在什么位置，发送方和接收方必须采取同步措施。由于需要的数据通道少，串行传输更易于实现，而且在远距离传输中可靠性高，更适合中距离、远距离的数据传输。

并行传输需要的数据通道多，但每次可以同时发送多个数据位(由数据通道的数量决定)，而且在并行传输中除了传输数据位的通道外，还会有一个通知接收方接收数据的专用通道，这样接收方就可以通过这个通道的信号来知晓什么时候开始并行接收多个数据位，不需要特殊的同步措施就可以实现同步。从理论上来看，并行传输同步更容易实现，而且数据是同时并行传输的，效率会更高。但由于其使用的数据通道多，在实际应用中会导致硬件成本大幅提高，所以并行传输更适合短距离、超短距离的数据传输。以前，老款打印机很多都是使用并行传输，个人计算机中主板和硬盘、光驱、显卡、声卡、网卡等也是使用并行传输，变频器的主控板和电源板、通信卡之间也是使用并行传输，在这些元件之间我们都可以看到结构类似、很宽的用于并行传输的"排线"，如图 2-6 所示。

图 2-6　用于并行传输的"排线"

2. 同步传输与异步传输

同步传输和异步传输是按照通信过程中时钟信号的处理方式不同来区分的。

时钟信号是独立于有效的数据之外的单独的信号，发送方和接收方都要通过时钟信号来判断信号从什么时候开始发送和接收。因为在数据传输的过程中，各个处理的过程都是按照一定的时序脉冲来处理的，可以理解为处理的"节奏"和"顺序"。数据传输的各个设备的"节奏"和"顺序"必须一致，才能保证数据的正确性，如果"节奏"和"顺序"不一致，那么数据的处理有可能会漏掉或者完全错误。在串行传输中，同步措施关键是依靠时钟。串行传输中的数据在一条数据通道上按"节奏"和"顺序"逐位传输，接收方按照同样的"节奏"和"顺序"逐位接收。通过时钟信号，发送方和接收方就可以知晓什么时候开始发送和接收数据。

同步传输中所有的设备使用的是同一个时钟。这个时钟可以是进行数据传输的所有设备中的一台产生的，也可以是一个独立的时钟信号源产生的。这个时钟可以使用固定的频率，也可以使用不固定的频率来进行周期性的替换(但是在所有设备中都是同样的时钟)。依据这同一个时钟，传输的数据位只在时钟信号的每一次跳变后的一段时间内有效，且所有的数据位都和这个时钟同步，接收方利用时钟跳变(上升沿或下降沿)来决定读取输入的数据位的时刻。同步传输的速度高、效率高，更适用于高速传输数据系统，但是远距离传输时，时钟信号的传输需要额外的成本且易受到干扰而影响同步过程，所以它更多地应用于短距离、超短距离数据传输。

异步传输中所有的设备使用的不是同一个时钟，而是自己产生的时钟。但是这些设备产生的时钟必须同步，否则数据传输就无法正常进行，所以这些设备的时钟都必须在允许的误差范围内保持同步。异步传输时，通常会有一个起始位来做时钟的同步。异步传输的实现更容易，对发送方和接收方的要求较低，但异步传输中需要额外传输一个或多个用于同步的字符或帧头，例如用起始位和终止位来告知接收方传输数据内容所在的位置，所以它效率较低。整体而言，异步传输的优势更大，所以它也是计算机通信中常用的同步方式。

3. 位同步和字符同步与帧同步

数据传输的同步是保证通信正确的基础。按照同步的最小单位来做区分的话，数据传输的同步可以分为位同步、字符同步、帧同步。

位同步是指发送方和接收方按数据位来保持同步。前面提到的时钟同步就属于位同步，它是所有同步的基础。位同步要求发送方和接收方的定时信号频率相同，而且数据信号和同步信号保持固定的相位关系，即保持相同的"节奏"。

字符同步是指发送方和接收方按字符来保持同步。它常用于电报、PC 和外设之间的通信，因为这些通信本身通常都是以字符为单位的。接收端在收到单个或成组的字符前加的同步字符后，就可以确定传输数据的起始位置了。

帧同步是指发送方和接收方以帧头和帧尾为基础按数据帧来保持同步。数据帧是按照协议约定将数据信息组织成的组，帧头位于数据帧的起始位置，用于标志数据帧的开始；帧尾位于数据帧的结束位置，用于标志数据帧的结束；帧头和帧尾之间则是常见的控制区、数据区、校验区等需要传输的原始数据。在本书后面各个通信的数据分析中，都是以数据帧为单位来进行的，帧同步也是现场总线应用中主要的同步方式。

2.1.4　信号的传输方式

信号的传输方式是指在数据传输过程中信号的处理方式，它包括基带传输、宽带传输、载波传输等模式。

1. 基带传输

基带是指数字信号转换为传输信号时其本身变化的频带，即"原始的"频带。

基带传输是指在基本不改变数据信号频率的前提下，不包含任何频率变换，按基带信号的数据波原样进行传输的方式。

基带传输可采用双绞线、同轴电缆、光缆等成本较低的传输介质，其传输速率较高(一般为 1～10 Mb/s)，但传输距离不能过高(一般在 25 km 以内)，一般在半双工或单工方式下工作，且不需要使用调制解调器，是目前应用广泛的最基本的传输方式。

2. 宽带传输

宽带传输是指在同一传输介质上可以同时传输多个频带的信号的传输方式。它的出现是为了满足文字、语音、图像等多媒体信号的传输需求，因为和基带传输相比，它的传输速率更高(可达到 Gb/s)，而且由于它可以同时传输多条基带信号，从而给通信的可靠性提供了更好的保障。

3. 载波传输

载波信号是指信号传输过程中作为基波来承载数据信号的某个频率的信号，它的频率就是载波频率。

载波传输是指按照要承载的数据来改变载波信号的幅值、频率、相位形成调制信号再进行传输。

2.1.5　通信线路的工作方式

通信线路的工作方式是指发送器和接收器之间的信号在通信线路上的处理方式，它包括单工通信、半双工通信、全双工通信等。

1. 单工通信

单工通信是指在通信过程中信息的传输只能沿着一个方向进行，不能进行反方向的传送。这种方式下通常是发送器和接收器之间的通信，只允许发送器发送信号给接收器，不允许接收器发送信号给发送器(因为接收器无法发送信号，发送器也无法接收信号)。

2. 半双工通信

半双工通信是指在通信过程中信息的传输可以沿着两个方向进行，但同一时刻只能有一个方向工作，它们在同一信道上进行转换。如收发器 1 和收发器 2 之间的通信，两个收发器都既可以发送信号也可以接收信号，但同一时刻要么是收发器 1 发送信息、收发器 2 接收信息，即收发器 1 工作在发送器模式下、收发器 2 工作在接收器模式下；要么是收发器 2 发送信息、收发器 1 接收信息，即收发器 2 工作在发送器模式下、收发器 1 工作在接收器模式下。半双工通信是现场总线系统中最常用的通信线路工作方式。

3. 全双工通信

全双工通信相当于把两个相反方向的单工通信"并联"在一起，以实现正向和反向的通信能够在同一时刻同时进行。如收发器 1 和收发器 2 之间的通信，两个收发器都同时拥有发送器和接收器，收发器 1 的发送器发送信号给收发器 2 的接收器接收，同时收发器 1 的接收器接收收发器 2 的发送器发送的信号。全双工通信是计算机之间通信最常用的工作方式。

2.1.6　通信校验和校正

在数据传输过程中，由于电磁辐射干扰、线路阻抗不匹配、信号反射等原因，都有可能造成信号的丢失、错误，轻则不能被接收器识别，重则引起设备错误动作引发安全事故。所以通信的校验在数据传输过程中尤为重要，它是通信安全、稳定最基本的保障。在通信校验发现错误的传输数据后，还需要尝试对数据进行校正，以保证设备的正常运行。

1. 通信校验

数据的传输过程一旦受到外部影响而发生错误，直接影响的是传输的物理信号，如信号的幅值、相位、时序等发生改变，导致的后果是接收器读取到的数字信息错误，如 0 变为 1，1 变为 0 等，这些错误的叠加有可能导致更大范围的数字信息错误。从错误信息的数量来划分，数据传输的错误分为单比特错误、多比特错误和突发错误。单比特错误是指单位数据内只有 1 个数据位发生错误；多比特错误是指单位数据内有 1 个以上不连续的数据位发生错误；突发错误是指单位数据内有 2 个或 2 个以上连续的数据位错误。从定义上也可以看出，单比特错误由于错误数量最少，在现场总线中最容易出现，但也最容易被检测和校正。

通信校验的任务就是监视传输的数据是否发生错误,在现有的校验方法中应用最多的是冗余校验,即在数据传输过程中,除了基本的需要传递的数据信息外,另外加上一定的附加位,通过这些附加位的特征来判断传输的过程中是否有错误发生。常见的冗余校验有奇偶校验、求和校验、纵向冗余校验、循环冗余校验等。

(1) 奇偶校验是指在数据传输过程中在基本的数据信息后加一个校验位,使得包含校验位的单个数据帧中 1 的个数是奇数(奇校验),或者是偶数(偶校验)。当接收器接收到传递过来的数据后就会对单个数据帧中 1 的个数进行校验,如果有单个或多个位因为电磁辐射干扰等问题发生变化导致 1 的个数发生变化,接收器就会认定这是一条错误的信息。例如,使用偶校验时,发送的数据帧中 1 的个数为偶数,当接收的数据帧中 1 的个数为奇数时,就会被认为是一条错误的信息。当然,奇偶校验也有天生的缺陷,如果外部的干扰使数据发生了变化,但刚好 1 的个数没有变化时,接收器也会认为它是一条正确的信息。

(2) 求和校验是指将基本的数据信息分为 x 段,每段都是等长的 y 比特,再将分段 1 和分段 2 做和操作并逐一和分段 3 至分段 x 做求和操作,得到的求和结果长度为 y 比特,然后将求和结果按位取反作为校验数据放在基本的数据信息后面。接收器接收到数据后,将所有的数据求和($x+1$ 段),如果结果为 0,则认为是正确的信息;如果结果不为 0,则认为是错误的信息。可以看到,求和校验的方法比奇偶校验要可靠得多,但因为方法较为复杂,增加了很大的计算量。

(3) 纵向冗余校验即 LRC,是一种复合的奇偶校验。它会把多个单位的数据组成一个数据块,首先对各个单位的数据采用奇偶校验,得到它们的冗余校验位;再将各个单位的数据的对应位按照一定的规律采用奇偶校验,得到一些新的冗余校验位。这些新的冗余校验位会组成一个新的数据块和原有的数据块一起发送出去。接收器接收到这些数据块后,按照事先约定的同样的方法检查基本的数据信息和冗余校验位是否都全部对应,如果全部对应,则认为信息正确,一旦有一个或多个不对应,则认为信息错误。作为复合的奇偶校验方法,纵向冗余校验的检测更复杂也更可靠,它能够识别出大部分的错误信息,但也有极少数的干扰导致基本信息刚好和冗余校验位能够对应上的情况。

(4) 循环冗余校验即 CRC,是指对要传输的基本的数据信息进行一次事先约定好的除法操作,将除法操作的余数附加在基本的数据信息后面。接收器接收到数据后也按照这个事先约定好的方法做相同的除法操作,如果余数为 0,则表示信息正确;如果余数不为 0,则表示信息错误。

在后面各种现场总线的介绍中,我们都会发现这些传输校验方法的身影,如 Modbus RTU 就使用了奇偶校验和 CRC16 校验。

2. 通信校正

在通信校验发现了错误信息后,必须想办法将错误的信息进行纠正,以使控制和监视过程继续正常进行,这就是通信校正。常用的通信校正方法有前向差错纠正和自动重传。

(1) 前向差错纠正是指接收器在发现错误信息后,在接收器端自己进行通信校正。这就需要发送器在发送数据时,不仅要发送校验码,还要额外发送一些事先约定好的、有固定规律的校正码。这样接收器根据校验码发现错误信息后,再根据校正码来反推正确的信息，并尝试将错误的信息纠正为正确的信息。校正码的处理比校验码要复杂得多，因为它要找出到底是哪些位出错，而且要反推如何纠正，这都会给通信的速率和计算带来很大的压力。

(2) 自动重传的原理则要简单得多，接收器在发现错误信息后，会要求发送器把刚才的信息重新发送一次。自动重传分为停止等待和连续两种：停止等待是指发送器在发送完信息后，只有收到了接收器反馈的信息到达且正确的信息后，才会继续发送下一条信息，如果接收器反馈信息错误，则把刚才的信息重发一次；连续是指发送器会连续不断地给接收器发送信息，直到出现信息错误则把刚才的信息重发一次，然后继续进行直到下一次错误出现。可以看到，在通信效率上连续的方式要比停止等待的方式高得多。连续自动重传又分为拉回和选择重发两种：拉回方式是指发送器会从出现错误的那一条信息开始自动重传所有的后续信息；选择重发方式是指发送器只会重新发送错误的那一条信息。自动重传的实现更为简单，也是最为有效的方法。但是，如果外部干扰较大，信息的不断重发会给通信带来巨大的压力，严重的甚至会导致通信崩溃。

2.2　网　络　基　础

网络的概念始于计算机网络，是指一定数量的计算机通过传输介质连接成固定的拓扑结构进行信息的交换。计算机网络根据计算机数量的多少及范围的多少可以分为局域网、城域网、广域网等。现场总线构成的网络通常属于局域网，因为它的工作范围通常是一个工厂或者一个车间内的设备间的信息交换。如果工业以太网和商用以太网配合使用，则从理论上来说，现场总线也可以达到广域网的范围，只是网络内设备的数量较少。

和计算机网络相比，现场总线构成的工业控制网络连接的设备种类多、通信协议繁杂、现场环境恶劣，所以在传输介质可靠性、数据校验复杂性、实时性等方面的要求更为严苛，但是计算机网络的很多基本概念在工业控制网络还是适用的。

2.2.1　网络拓扑

网络拓扑是指网络中各个设备之间的连接方式。常见的网络拓扑结构有星形、环形、总线形、树形等，如图 2-7 所示。

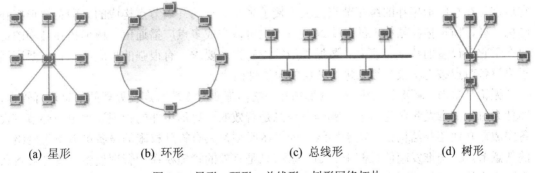

　　(a) 星形　　　　　　(b) 环形　　　　　　(c) 总线形　　　　　(d) 树形

图 2-7　星形、环形、总线形、树形网络拓扑

图中各个网络节点是计算机，但是现场总线中的网络节点可以是如变频器、电机管理

控制器、流量计、压力表等多种现场受控设备。

(1) 星形拓扑是指网络上的节点都通过点对点的方式直接连至一个中心连接点，所有的信息交换都是通过中心节点完成的。位于星形拓扑结构上的终端设备如果有信息处理的需求，则必须将需求发送至中心节点，再由中心节点发送至其他设备。星形拓扑结构上的中心节点需要很强的信息处理能力以用于处理整个网络上的信息交换，终端节点的信息处理能力只需要满足点对点的通信即可。星形拓扑结构比较适用于终端节点众多且处理能力一般的场合，比如，我们家庭常用的路由器连接至多台设备。如个人 PC、手机、平板电脑等就是典型的星形拓扑结构。星形拓扑结构的优点在于它对终端节点的信息处理能力要求不高，而且由于每个终端节点都是通过点对点的方式连接至中心节点的，一个终端节点的意外中断不会影响到其他终端节点的通信。

(2) 环形拓扑是指网络节点通过点对点的连接构成一个环路。环形拓扑的信息传输是从一个网络节点发起，直到需求的另一个网络节点结束。环形拓扑结构上的每一个网络节点都集成有一个中继器，中继器会把它从一条链路上收到的信息加上自己的信息处理需求，再从另外一条链路发送出去。之前的环形拓扑信息传输的方向都是单向的，即无论有信息交换的网络节点处于什么位置，它们的信息传输只能按照固定的方向进行。但现在很多控制设备都可以实现环形拓扑的双向传输，双向传输的好处在于通信会自动选择通信速率较快的方向，而且当一个方向的链路出现故障时通信可以从另外一条链路正常进行。当然，如果控制设备只支持单向环形拓扑，则也可以做成两路方向相反的环形拓扑互为冗余。

(3) 总线形拓扑的通信线路由两部分组成：主干线路和分支线路。主干线路即是总线，用于传输整个网络上的所有信息需求；分支线路则用于连接至各个终端节点。总线形拓扑上传递的信息可以是点对点的，也可以是分组的，即一次发送分组信息再通过地址识别传递到对应的终端节点，也可以是广播的，即一次发送信息所有总线上的终端节点都接受执行但无需回应。总线形拓扑是在工业现场应用最普遍的拓扑形式，因为它结构简单易排查故障，容易安装，更节约电缆，但是它在距离过长时会因为线路的阻抗、信号在总线上的反射造成信号的衰减或错误。我们后面要介绍的 CAN 总线就是很典型的总线形拓扑结构，大家会发现它会对主干线路、分支线路的长度都会有所限制，总的设备数量也是有限的，就是为了避免这些问题。

(4) 树形拓扑可以理解为总线形拓扑的扩展，或者总线形拓扑与其他拓扑结构的组合，它通常是在总线形拓扑的终端节点上又连接了多个额外的终端节点构成的。和总线形拓扑结构一样，树形拓扑结构上的各个终端节点也可以完成多点广播通信。树形拓扑结构的优势在于它对设备的数量、速率、数据类型等没有太多要求，有很强的扩展性。它主要应用于将设备节点按主次或等级来进行分层的层次性网络。

无论是星形、环形、总线形、树形拓扑，它们都要对终端节点及处理的信息进行管理，即什么时候由谁发起信息需求、哪一条信息是有效的。星形拓扑的管理通常由中心节点设备完成；其他拓扑结构则取决于网络上的设备类型，具有管理权限的设备可以位于网络上的任意节点。由谁发起信息需求、哪一条信息是有效的管理权在于管理设备，管理设备通常由事先约定好的规则来决定各个终端节点的权限，后面的 Modbus 章节中，我们将在编程部分介绍"令牌"的管理方式，在设备数量不多的情况下这是一种很简单有效的管理方式。

当然，在现场应用中由于设备数量众多、种类繁杂、位置复杂，单一的拓扑结构是不能满足需求的，现场的网络拓扑结构通常都是星形、环形、总线形、树形拓扑构成的混合型拓扑。

2.2.2　网络的传输介质

网络的传输介质分为有线和无线两大类。

1. 有线传输介质

常见的有线传输介质有双绞线、同轴电缆、光纤线缆等。

1) 双绞线

双绞线是指两根或者四根按照螺旋结构排列的绝缘线。双绞线的螺旋结构可以减小线路之间的电磁干扰，带有屏蔽层的双绞线是现场总线中应用最多的传输介质。双绞线可以用于数字信号传输，也可以用于模拟信号传输；它既可以用于点对点传输，也可以用于多点传输。双绞线的通信距离最远可达几百米至上千米。双绞线的结构简单、制作成本较低，无论是安装还是维护都很简便。常见的屏蔽双绞线如图 2-8 所示。

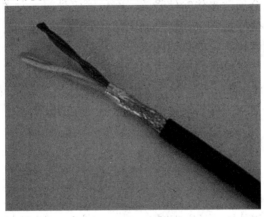

图 2-8　屏蔽双绞线

2) 同轴电缆

同轴电缆是由内导体、绝缘层、外导体、外部保护层组成的，同轴是指内导体和外导体是同轴的，这样的结构使得它抗干扰能力较强，如图 2-9 所示。

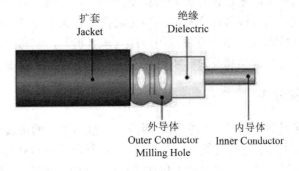

图 2-9　同轴电缆

同轴电缆既可用于传输数字信号，也可用于传输模拟信号。它支持点对点连接，也支持多点连接。基带同轴电缆可连接数百台设备，宽带同轴电缆可连接上千台设备。同轴电缆的传输距离更远，基带同轴电缆最大传输距离可达几千米，宽带同轴电缆最大传输距离可达几十千米。家庭中的有线电视信号就是使用同轴电缆传输的。

　　3) 光纤线缆

　　光纤线缆又被称为光缆，它是由光纤、包层、保护层组成的，如图 2-10 所示。

图 2-10　光纤线缆

　　和双绞线及同轴电缆不同，光缆传输的不是电信号而是光信号。它是通过内部的塑料或者玻璃光纤和包层的全反射来传输信号的。在传输信号前，发送器会把电信号转换成光信号，接收器接收到光信号后再将其转换回电信号处理。光纤常用的连接方式是点对点方式，但它也可用于多点连接。它的传输距离较远，由于内部光信号的全反射衰减极小，光纤可以在不适用中继器加强信号的情况下传输数千米。由于光纤传输的是光信号，在工业现场不会受到各种电磁辐射的干扰，线路上也不会有电信号带来的发热损耗，而且速率高、误码率低，因此未来它是应用前景最好的传输介质。它的缺点在于制造工艺较为复杂，成本较高。

　　2. 无线传输介质

　　常见的无线传输介质有无线电波、微波、红外线、激光等。它们的频率有所不同，无线电波的频率一般在 1 GHz 以下，工业应用的无线电波频率一般为 2.4 GHz；微波的频率范围在 300 MHz～300 GHz；红外线的频率范围是 $10^{11}\sim10^{14}$ Hz；激光的频率范围是 $10^{14}\sim10^{15}$ Hz。

　　无线信号的频率越高，其对障碍物的穿透能力越差。工业现场通常采用的是低频的无线信号，因为它具备一定的穿透能力，可以穿透部分障碍物。

　　目前，短程无线数据通信及蓝牙、ZigBee 等技术开始在工业现场推广应用，施耐德的无线免电池按钮、工业用起重遥控盒就是很典型的例子。无线信号在工业现场的应用可以使操作人员摆脱掉沉重的有线传输介质，实现更简便、自由的操作，而且可以远离有毒、有害的物体，在某些特殊应用场合有很强的应用需求。但是，它传输距离有限、易受电磁干扰影响、容易被障碍物遮挡和反射，所以在采用之前一定要检查现场的环境是否适合。

2.2.3　网络的连接设备

　　常见的网络连接设备有网关、路由器、网桥、中继器等。网关属于转换类的设备，路由器、网桥、中继器则属于连接类的设备。对照 2.2.4 节介绍的 OSI 标准模型，路由器工作在物理层、数据链路层、网络层，网桥工作在物理层、数据链路层，中继器工作在物理层。

1. 网关

网关的作用是进行通信协议的转换，所以它又被称为网间协议变换器。网关的工作过程包含接收、翻译、发送，即接收一个网络里的 A 格式协议的数据信息，将其翻译成 B 格式协议的数据信息，再发送到另一个网络里去。网关内部通常有两个不同的处理器和通信接口，用于处理两个不同的 A 格式协议和 B 格式协议。需要注意的是，很多网关的翻译都是单向的。例如：施耐德的网关 LA9P307，它是一个 Profibus DP 和 Modbus RTU 的网关，但是它是以一个 Profibus DP 从站的身份存在的，即可以把它连接至 Profibus DP 总线，然后在它的下方连接支持 Modbus RTU 的现场设备；如果反过来把它连接至 Modbus RTU 总线，然后在它的下方连接支持 Profibus DP 的现场设备，则是不可行的。

在现在这个现场总线百花齐放的时代，网关的存在解决了很多现场设备和总线的协议不匹配问题，是简化现场结构、减少编程的重要设备。

2. 路由器

路由器用于连接至两个甚至更多的网络中，并在这些网络中都拥有对应的地址，它的作用在于从一个网络中接收到数据信息，再把数据信息传递到另一个网络中去。路由器内的软件会识别数据信息的目的地，有目的地进行对应的传递，无目的地进行取消；而且它会选择数据信息传递的最佳路径。路由器自身可以用于连接多个终端节点，路由器之间的连接可以构成更大的网络，并且这个大的网络中的各个终端节点都是可以数据信息传递的。路由器连接的所有网段协议是一致的，但是这些网段可以具有独立的地址分配、不同的速率和传输介质。

路由器是现场设备互联、分区的重要设备。

3. 网桥

网桥是指在局域网中连接类型相同、网段不同、传输速率不同、传输介质不同的设备并传递数据信息的设备。网桥连接的网段之间在接口、速率、传输媒体种类可以不同，但它两侧网络的协议和地址应该是一致的。网桥可以访问它连接的所有终端节点的物理地址，并选择是否传输它们的报文，可以使不同网段之间隔离。它具备寻址和路径选择的功能。

4. 中继器

中继器的作用是信号的再生，又被称为重发器。在信号的远距离传输过程中，因为线路自身的阻抗、信号的反射和噪声等原因，信号的正确性和完整性会受到影响。中继器会按照接收到的信号的原始波形进行每一位的再生复制，同时它会区分信号和噪声，只再生信号部分，取消噪声部分。中继器和不区分信号及噪声而全部放大的放大器是不同的，这点需要注意。中继器只负责信号的再生，不会对信号进行其他多余的加工，所以连接在它两端的线路具有相同的速率、协议、地址。每种网络都会规定通信的最远距离，中继器可以在远距离传输中信号变弱甚至损坏之前将其再生发送出去，从而延长通信距离。

2.2.4　OSI 参考模型

OSI 参考模型即开放系统互联参考模型(Open System Interconnection)，它由国际标准化组织 OSI/TC97 起草于 1978 年，并于 1983 年正式成为国际标准。OSI 参考模型为设备互联提供了一个标准框架，为各通信协议的一致性和兼容性提供了良好的基础。OSI 参考模型按照 1～7 的数字编号依次为物理层、数据链路层、网络层、传输层、会话层、表示层、应用层，如表 2-1 所示。第 1～3 层为低层功能，即通信传送功能；第 4～7 层为高层功能，即通信处理功能。每一层都是独立的功能，每一层都利用其下一层的功能为其上一层提供服务，而与其他层无关。通信协议即两个设备在 OSI 参考模型相同层次之间的通信规约。

表 2-1　OSI 参考模型

第 7 层	应用层
第 6 层	表示层
第 5 层	会话层
第 4 层	传输层
第 3 层	网络层
第 2 层	数据链路层
第 1 层	物理层

OSI 参考模型每个层级包含的内容如下。

1. 物理层

物理层并不单指传输介质，它包含设备间利用物理媒体实现物理连接的功能描述及执行连接的规程，它提供有关信号同步和数据流在物理媒体上的传输手段，如建立、保持、断开物理连接的机械、电气、功能、规程。物理层规定了和传输介质连接的机械和电气特性，以及数据转化为何种在物理媒体上传输的信号，常见的内容有传输介质的类型和结构、传输距离和传输速率的对应关系、连接头的形式和针脚定义、传输信号的物理特性(如电压及高低电平)、数据传输是单向还是双向等。

2. 数据链路层

数据链路层是对数据链路的建立、保持、断开进行管理，通过访问仲裁、数据成帧、同步控制、寻址、差错控制等功能，保证无差错传输数据。数据链路层还要实现流量控制，使发送器发送的数据不能超过接收器的接收能力，避免造成数据溢出甚至通信崩溃。前面提到的通信校验和通信校正也是数据链路层里包含的内容。

3. 网络层

网络层规定了网络连接的建立、保持、断开的协议，它的主要功能是利用下一层数据链路层提供的功能通过多条网络连接将数据包从发送器传输到接收器。它包含路由选择、拥堵控制、逻辑寻址和地址转换。路由选择，即存在多条路径可用时选择最佳路径；拥堵控制，即限制进入子网的分组避免网络拥堵；逻辑寻址，即在数据包头部加入源地址和目的地址的信息；地址转换，即将逻辑地址转换为物理地址。

4. 传输层

传输层的主要功能是对发送器和接收器的数据传输控制，在源节点和目的节点之间提供端到端的可靠传输，保证信息完整、无差错的传输完成。传输层会将需要传输的数据信息分段并编号，在接收器侧再按照规定的顺序重新拼装还原。传输层通常还会在发送器和接收器之间建立一条独立的逻辑路径来实现对流量、顺序、校验控制更好的机制，提高安全性。传输层信息的报文头还包含端口地址，以便将传输的报文和节点上的目标入口连接起来。

5. 会话层

会话层负责会话的管理和控制，它是网络通信的会话控制器。会话层会将每一次的会话拆分为多个子会话并打上标记，确认顺序，引入检查点。出现通信意外后，会话层还要决定通信恢复后会话从哪里开始、以何种方式继续。会话层具体包含建立并验证双方的会话连接、控制数据交换是单向还是双向进行、何方发送、何时发送、单向进行时如何交替变换等。

6. 表示层

表示层包含的内容是交换数据的格式转换，它在发送器将数据格式转化为双方都可以识别的格式，在接收器再将数据转化为自身可以直接使用的数据格式。它也可以把应用层的信息通过翻译控制码、数据字符等转换为都能够理解的形式。表示层还负责对数据进行加密和解密，以提高安全性。它在发送器进行加密，防止数据被窃听或破坏；再在接收器进行解密，送往应用层。表示层还负责数据的压缩和解压。

7. 应用层

应用层的主要功能是实现各种应用进程之间的信息交换，并为用户提供网络访问接口，提供文件传输访问于管理、邮件服务、虚拟终端等。

以上就是 OSI 参考模型包含的主要内容。需要注意的是，OSI 参考模型为设备间的沟通提供了基础的、标准的框架，但有部分通信协议以 OSI 参考模型为基础会有改动或附加的内容，工业以太网的各种通信协议就是很好的例子。

在后续的章节中将依据 OSI 参考模型剖析多个通信协议的结构和内容。

小　结

本章重点介绍了现场总线的理论基础，包含通信基础和网络基础。通信基础介绍了基本术语及性能指标、数据编码和传输的方式、通信的校验和校正等；网络基础介绍了常见的网络拓扑结构、多种传输介质、各种连接设备及 OSI 的参考模型。

理论知识相对来说比较枯燥和难于理解，但这些基础内容对于电气从业人员阅读技术资料、建立通信的概念、通信故障的排查都是有很大帮助的。只有理解了通信的物理和数字本质，才能更好地对其系统进行建立、使用与维护。

思 考 与 习 题

1. 什么是总线？
2. 通信协议的三大要素是什么？
3. 通信的性能指标有哪些？
4. 差分码的"1"和"0"是如何定义的？它和单极性码、双极性码的定义有什么区别？

5. 模拟数据编码是依靠哪些参数的变化实现的？

6. 冗余校验的基本原理是什么？

7. 通信校正方法有哪些？

8. 常见的网络拓扑结构有哪些？

9. 本章介绍的传输介质中速率最快的是哪一种？成本最低的是哪一种？

10. OSI 参考模型分为哪 7 层？

思考与习题参考答案

第 3 章　Modbus 现场总线及其应用

 知识目标

(1) 了解 Modbus 总线的特点及应用范围。

(2) 理解 Modbus 总线的硬件拓扑及数据结构。

能力目标

(1) 掌握 PLC 和其他设备 Modbus 通信的建立方法。

(2) 掌握通信程序的结构。

3.1　Modbus 总线概述

3.1.1　Modbus 总线简介

Modbus 是莫迪康(Modicon)公司在 1979 年发布的，莫迪康被施耐德(Schneider)收购以后，施耐德将 Modbus 作为中高端设备的标准配置广泛应用于现场中。Modbus 的协议内容是透明而公开的，这使它得到了很好的推广。它也是第一个真正意义上的现场总线。截止 2018 年，Modbus 在全球的成员已达 95 个。

Modbus 是位于 OSI 模型第 7 层的应用层消息传送协议，它为连接于不同总线或网络的设备提供了主/从模式的通信。总线上只能有一个主机，可以有多个从机(最多支持 247 个从机，但实际从机的数量还要考虑总线的距离和所用的通信设备)。主机和从机通过请求和应答的方式来实现通信，所有的请求都由主机发出，从机负责应答，需要使用 Modbus 规定的功能码。

Modbus 有 Modbus RTU 和 Modbus ASCⅡ两种传输方式。它们的主要区别在于 Modbus RTU 是以 RTU(远程终端单元)模式通信，消息中传送的是数字；而 Modbus ASCII 是以 ASCII(美国标准信息交换代码)模式通信，消息中传送的是 ASCII 字符。

1. Modbus RTU 传输方式

Modbus RTU 消息中每个 8 bit 字节包含两个 4 bit 的十六进制字符。代码系统为 8 位二进制，十六进制数 0，…，9，A，…，F；消息中的每个 8 位域都是由两个十六进制字符组成。每个字节的位包括：

- 1 个起始位。
- 8 个数据位，最小的有效位先发送。
- 1 个奇偶校验位，无校验则无。
- 1 个停止位(有校验时)，2 个 bit(无校验时)。

错误检测域为 CRC 循环冗长检测。

Modbus RTU 的主要优点是在波特率相同的情况下可以比 Modbus ASCII 传送更多的数据。施耐德的变频器、软启、电机控制器等使用的 Modbus 都是 Modbus RTU。

2. Modbus ASCII 传输方式

Modbus ASCII 消息中每个 8 bit 字节都作为两个 ASCII 字符发送。代码系统为十六进制，ASCII 字符 0，…，9，A，…，F；消息中的每个 ASCII 字符都是由一个十六进制字符组成。每个字节的位包括：

- 1 个起始位。
- 7 个数据位，最小的有效位先发送。
- 1 个奇偶校验位，无校验则无。
- 1 个停止位(有校验时)，2 个 bit(无校验时)。

错误检测域为 LRC 纵向冗长检测。

Modbus ASCII 的主要优点是字符发送的时间间隔可以达到 1 秒而不产生错误。

3.1.2 Modbus RTU 通信协议

1. Modbus RTU 数据交换

Modbus RTU 的数据是以二进制代码传输的，数据帧里不包含任何消息报头字节或消息字节结束符。其基本格式定义如下：

从站地址	请求代码	数据	CRC16

从站地址：各个从站唯一的不重复的地址。Modbus 协议是一种主从协议，一个主站对应多个从站，每个从站都有自己的地址。可能的设备地址是 0~247(十进制)，单个设备的地址范围是 1~247，地址 0 是用作广播地址的。

请求代码：即功能码。不同的功能码能实现数据的读写、诊断等不同的功能。

数据：主站发送的请求数据或者从站反馈的应答数据。

CRC16：循环冗余校验参数。

消息在标准的 Modbus 系列网络传输时，每个字符或字节以如下方式发送，从左到右依次表示为最低有效位到最高有效位。

使用 RTU 字符帧时，有奇偶校验，位的序列是：

起始位	1	2	3	4	5	6	7	8	奇偶位	停止位

无奇偶校验，位的序列是：

起始位	1	2	3	4	5	6	7	8	停止位	停止位

主站和任意一个从站的数据交换都是按照以上格式来进行的，需要注意的是，所有的数据交换都是由主站来管理的，而且只有主站能发起数据交换的请求，从站之间是不能直接进行通信的。如果需要进行从站之间的通信，则必须让主站先询问一个从站，再把接收到的数据发送到另外一个从站。主站对多个从站的数据交换是以轮询的方式来实现的，没有得到主站批准的从站是不能发送消息的。如果在轮询过程中出现错误，在给定的时间内没有收到响应，主站将重新询问无响应的从站。

主站和从站之间的数据交换方式有以下两种：

(1) 主站向从站发送请求并等待其响应。

(2) 主站向所有从站发送请求，但不等待它们响应(广播模式)。

主站和从站的查询和回应周期如图 3-1 所示。

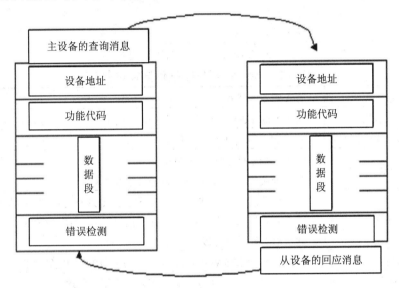

图 3-1 查询和回应的周期

主站发送的查询消息中，通过功能码告知被查询的从站需要执行哪种功能，数据段中包含了从设备需要执行功能的附加信息。例如，功能代码 03 是要求从设备读取保持寄存器并返回它们的内容。数据段必须包含要告知从设备的信息：从哪个寄存器开始读取，需要读取的寄存器数量。错误检测为从站提供一种验证消息内容是否正确的方法。

如果从站产生一个正常的回应，回应消息中的功能码则是在查询消息中的功能码的回应。数据段包括了从站收集的数据：寄存器的值或者状态。如果有错误发生，功能码将被修改以用于指出回应消息是错误的，同时数据段包含了描述此错误信息的代码。错误检测允许主站确认消息内容是否可用。

2. Modbus RTU 硬件连接

Modbus RTU 的物理层是基于 RS485 的，它的标准连接方式是二线制多点连接串行总线，如图 3-2 所示。

总线上的干线电缆类型、总线最大长度、最大站数量、分接连线的最大长度、总线极化、线路端接器、公共端极性的具体规定如表 3-1 所示。

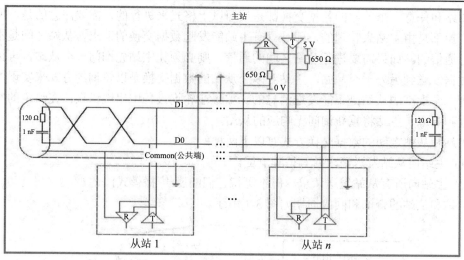

图 3-2　Modbus RTU 的标准连接方式

表 3-1　Modbus RTU 硬件连接的规定

干线电缆类型	有 1 对双绞线和至少 1 条第 3 导线的屏蔽电缆
总线最大长度	使用 Schneider TSX CSAp 电缆、数据率为 19 200 b/s 时，为 1000 m
最大站数量(无中继器时)	32 个站，即有 1 个主站和 31 个从站
分接连线的最大长度	对于 1 个分接连线，为 20 m； 在多分接盒上，为 40 m 除以分接连线的数目
总线极化	在 5 V 端使用 1 个 450～650 Ω 下拉电阻(推荐使用 650 Ω 左右阻值)； 在公共端使用 1 个 450～650 Ω 下拉电阻(推荐使用 650 Ω 左右阻值)； 建议对主站采用此极化方式
线路端接器	1 个 120 Ω / 0.25 W 的电阻与 1 个 1 nF / 10 V 的电容串联
公共端极性	是(公共端)，在总线上一点或多点连接至保护地

　　实际应用中，尤其要注意终端电阻的使用，在整个总线的起始和终止位置都要加上终端电阻，它们可以消除在通信总线上由于阻抗不连续或者阻抗不匹配引起的信号反射，从而保证通信数据的稳定传输。

　　ATS48 软启在和 PLC 等上位机通信时，可以使用分线箱或者分线盒来实现多个从站通信线路的并联，分别如图 3-3 和图 3-4 所示。

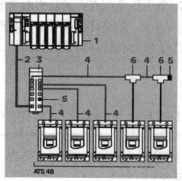

1—PLC(1)；
2—根据控制器或PLC类型选用的Modbus电缆；
3—Modbus分路块LU9 GC3；
4—Modbus分接电缆VW3 A8 306R●●；
5—线路端接器VW3 A8 306 RC；
6—Modbus T形接线盒
　　VW3 A8 306TF●●(带电缆)

图 3-3　通过分路块和 RJ45 型连接器的连接

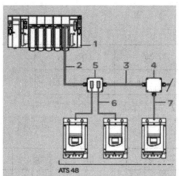

1—PLC(1)；
2—根据控制器或PLC类型选用的Modbus电缆；
3—Modbus 电缆 TSX CSA●00；
4—接线盒TSX SCA50；
5—用户插座TSX SCA 62；
6—Modbus分接电缆 VW3 A8 306；
7—Modbus分接电缆 VW3 A8 306 D30

图 3-4　通过接线盒的连接

3. Modbus RTU 常用功能码

功能码是 Modbus 通信的基础，不同的功能码能够实现数据的读/写、对设备的诊断等功能。Modbus 公用功能码定义如表 3-2 所示。

表 3-2　Modbus 功能码定义

功　　能				功能码	
				十进制	十六进制
数据访问	位访问	物理离散量输入	读取离散量输入	02	02
		内部位或物理线圈	读取线圈	01	01
			写入单个线圈	05	05
			写入多个线圈	15	0F
	16 位访问	物理输入寄存器、内部寄存器或物理输出寄存器	读取输入寄存器	04	04
			读取保持寄存器	03	03
			写入单个寄存器	06	06
			写入多个寄存器	16	10
			读取/写入多个寄存器	23	17
			标记写入寄存器	22	16
			读取 FIFO 队列	24	18
	文件记录访问		读取文件记录	20	14
			写入文件记录	21	15
诊断			读取例外状态	07	07
			诊断	08	08
			获取通信事件计数	11	0B
			获取通信事件记录	12	0C
			报告服务 ID	17	11
			读取设备识别	43	2B

其中最常用的就是 03(读取保持寄存器)和 06(写入单个寄存器)等功能码。它们的消息格式如下：

(1) 03 功能码的消息格式：

主机请求

从站编号	03	首字编号		字数		CRC16	
		Hi	Lo	Hi	Lo	Lo	Hi
1 个字节	1 个字节	2 个字节		2 个字节		2 个字节	

从机应答

从站编号	03	读取字节数	首字值		···	末字值		CRC16	
			Hi	Lo		Hi	Lo	Lo	Hi
1 个字节	1 个字节	1 个字节	2 个字节			2 个字节		2 个字节	

注：Hi = 高位字节，Lo = 低位字节。

(2) 06 功能码的主机请求和从机应答的消息格式是相同的：

从站编号	06	字数		字的值		CRC16	
		Hi	Lo	Hi	Lo	Lo	Hi
1 个字节	1 个字节	2 个字节		2 个字节		2 个字节	

4. 错误检测

标准的 Modbus 采用两种错误检测方法：奇偶校验和帧检测。奇偶校验应用于每个字符，帧检测(LRC 或 CRC)则应用于整个消息。它们都是在消息发送前由主设备产生的，从设备在接收过程中检测每个字符和整个消息。

1) 奇偶校验

用户需要配置控制器是奇校验、偶校验或无校验，这将决定每个字符中的奇偶校验位是如何设置的。

(1) 配置为奇校验或者偶校验，"1" 的位数将算到每个字符的位数中(RTU 中为 8 个数据位)。例如，RTU 字符帧中包含 8 个数据位 11000101，整个 "1" 的数量是 4 个。如果使用了偶校验，则帧的奇偶校验位将是 0，使得整个 "1" 的个数仍然是 4 个；如果使用了奇校验，则帧的奇偶校验位将是 1，使得整个 "1" 的个数变为 5 个。

(2) 没有指定奇偶校验位，传输时就没有校验位，也不进行校验检测，只取一附加的停止位填充到要传输的字符帧中。

2) CRC 检测

CRC 循环冗余校验码包含两个字节的错误检测码，由传输设备计算后加入到消息中，接收设备重新计算收到消息的 CRC，并与接收到的 CRC 域中的值进行比较；如果两个值不同，则标明有错误。在有些系统中，还需要对数据进行奇偶校验，奇偶校验对每个字符都可用，而帧检测 CRC 则应用于整个消息。

CRC16 校验码计算方法如下：

(1) 将 CRC 寄存器(16 位)初始化为 16#FFFF。

(2) 把通信信息帧的第一个字节(8 位二进制数据)与 CRC 寄存器的低 8 位相异或，并把结果储存于 CRC 寄存器的低 8 位，CRC 寄存器的高 8 位数据不变。

(3) 将 CRC 寄存器的内容朝低位右移 1 位，并用 0 填补最高位。

(4) 检查右移后的输出位，如果输出位为 0，则重复步骤(3)；如果输出位为 1，则 CRC 寄存器和 16#A001 相异或。

(5) 重复步骤(3)和步骤(4)，累计右移 8 次，完成一个字节(8 位)的数据处理。

(6) 重复步骤(2)到步骤(5)，进行通信信息帧的下一个字节的数据处理。

(7) 将通信信息帧所有字节按以上步骤处理完成后，将 CRC 寄存器的高低字节数据进行交换。

(8) 最终得到的 CRC 寄存器内容即为校验码。

注意：在实际使用过程中，Modbus 作为协议在主机和从机中都已经被定义好，主机在发送和接受命令时是参考以上格式来进行的，但是在编写主机的命令时需要按照主机的语言来编写。例如，施耐德的 M340 PLC 的读写命令是 Read_var 和 Write_var，编程时只需要按 PLC 的格式发出读/写命令即可，PLC 会将命令转换成 Modbus 的格式发送出去，功能码、CRC16 校验码等是不需要人为编写的。

3.2　Modscan 软件与 ATS48 软启 Modbus RTU 通信实例

3.2.1　硬件连接

实验需要使用的硬件如表 3-3 所示。

表 3-3　实验硬件列表

类型	型号	数量
PC	带 USB 接口的个人 PC	1
通信电缆	TSXCUSB485	1
网络电缆	带有 2 个 RJ45 接头的网络电缆	1
软启	ATS48	1

TSXCUSB485 通信电缆如图 3-5 所示，分别有一个 USB 接口和一个 RJ45 接口，USB 接口直接连接至 PC，RJ45 接口通过网络电缆连接至 ATS48 软启。

图 3-5　TSXCUSB485 通信电缆

ATS48 的 Modbus 通信端口同样为 RJ45 接口，4 号脚为信号正，5 号脚为信号负，7

号脚为 10 V 电源，8 号脚为 0 V 公共端。其接口位置及端子定义如图 3-6 所示。

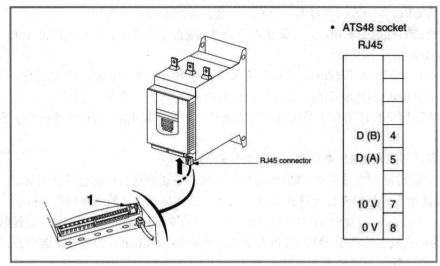

图 3-6　ATS48 的 Modbus 通信端口

本实验中，PC 和 ATS48 都有单独的电源供电，无需将 10 V 信号引出，网络电缆只需要连接 TSXCUSB485 和 ATS48 的 RJ45 口的 4、5、8 这三个引脚即可。

3.2.2　软启配置

本实验中，只需要和 ATS48 进行通信的连接测试，并不需要进行电机的启动，所以软启只需要在 CL1、CL2 端子上连接控制电源即可。

ATS48 软启通信相关的设置都集中在 COP 菜单中，如表 3-4 所示。

表 3-4　ATS48 软启通信参数设置

代码	说　　明	设定范围	出厂设定
Add	启动器地址，RS485 串口	0～31	0
tbr	通信速度，kb/s	4.8，9.6，19.2	19.2
FOr	通信格式： 8o1：8 个数据位，奇校验，1 个停止位； 8E1：8 个数据位，偶校验，1 个停止位； 8n1：8 个数据位，无校验，1 个停止位； 8n2：8 个数据位，无校验，2 个停止位		8n1
tLP	串口超时设定	0.1～60 s	5 s
PCt	用于与远程操作盘通信的串口配置； ON：功能有效； OFF：临时配置功能无效		OFF

Add：通信地址，即 ATS48 的从站通信地址。在 Modbus 通信中，每个从站都有自己唯一的不重复的地址。本实验中将该软启的通信地址设置为 3。

tbr：通信速度，即 Modbus 通信的波特率。在实际应用中，通信速度越快，数据的刷新速度就越快，但通信距离越短；通信速度越慢，数据的刷新速度就越慢，但通信距离越长。本实验中 PC 和 ATS48 仅有 1 m 左右，可以使用最高波特率 19.2 kb/s。

FOr：通信格式，即 Modbus 通信的数据格式。本实验中设置为 8E1，即 8 个数据位，Even 偶校验，1 个停止位。

tLP：串口超时设定，即 Modbus 通信的超时时间。本实验使用出厂值 5 s，即 PC 和 ATS48 的通信数据交换中断超过 5 s 则软启进入通信故障状态。

PCt：远程控制面板设置。本实验中无需使用远程控制面板，保持为出厂值 OFF。

3.2.3　Modscan 软件配置

在打开 Modscan 软件之前，首先要检查 TSXCUSB485 通信电缆的驱动是否已经正确安装。在"我的电脑"上点击右键选择"属性"，然后选择"设备管理器"。如果 TSXCUSB485 通信电缆的名字能够正确显示且端口已分配，则驱动已经正确安装，如图 3-7 所示。

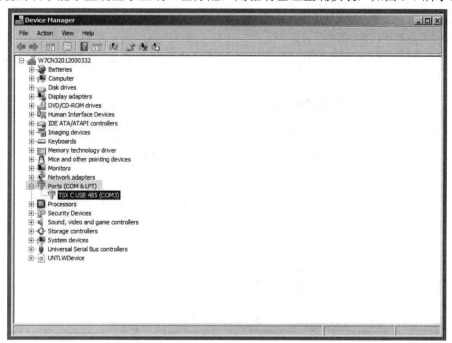

图 3-7　设备管理器中的端口分配界面

双击任务栏右下角 Schneider Modbus Serial Driver，将通信端口选择为 COM3 (TSXCUSB485)，并将通信格式和软启设定为一致，如图 3-8 所示。

· 波特率：19 200 b/s。

· 数据位：8 位。

· 校验方式：偶校验。

· 停止位：1 位。

点击 OK 按钮，确认端口设置。

打开 Modscan 软件，点击菜单栏中的"Connection"，再选择"Connect"，在弹出的连接设置窗口中选择 COM3 端口直连，并将通信格式设置为和软启一致，如图 3-9 所示。

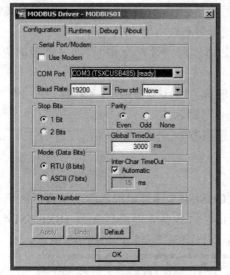

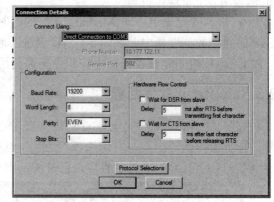

图 3-8　施耐德串口驱动的端口设置界面　　　　　图 3-9　Modscan 的端口设置界面

点击 Protocol Selections，在 Modbus 协议选择中选择标准 RTU 模式即可，如图 3-10 所示。

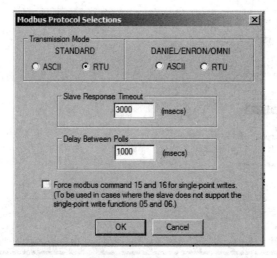

图 3-10　Modscan 的 RTU 格式选择界面

点击 OK 按钮，确认 Modscan 通信参数设置。

在通信界面中：

Device Id：设置为从站地址，即 ATS48 软启通信地址为 3。

Address：设置为读取寄存器的起始地址。本实验中，读取 ATS48 的状态字，其寄存器地址为 458。需要注意的是，ATS48 中寄存器的地址是从 0 开始计算的，而 Modscan 中寄存器的地址是从 1 开始计算的，所以在输入寄存器的起始地址时需要加上 1 的偏移量，即输入 0459。

Length：读取寄存器的个数。本实验中，我们先只读状态字的值，将其设置为 1。

Modbus Point Type：Modbus 指向类型。各个选项对应的 Modbus 寄存器地址如表 3-5 所示。

表 3-5　Modbus 指向类型

Device address	Modbus address	Description
1...10000	1	Coils (outputs)线圈(输出)
10001...20000	10001	Inputs 输入
40001...50000	40001	Holding registers 保持寄存器
30001...40000	30001	Inputs registers 输入寄存器

本实验中，读取的 ATS48 软启状态字位于 4 区，将其选择为 03(HOLDING REGISTER)。如果硬件连接正常且设置正确，则可以读到 ATS48 软启状态字的值，目前为十六进制的 0237H，其二进制的值为 0000 0010 0011 0111，如图 3-11 所示。

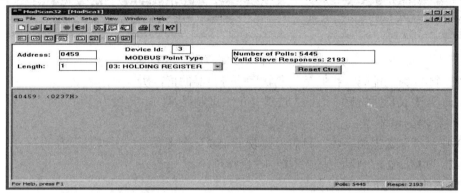

图 3-11　ATS48 的状态字读取界面

如表 3-6 所示，对照 ATS48 软启状态字的说明，bit 4 的值为 1 时表示软启没有主回路电源。

表 3-6　ATS48 状态字定义

位 15	位 14	位 13	位 12		位 11	位 10	位 9	位 8
0	0	0	0		0	0	线路模式控制	0
位 7	位 6	位 5	位 4		位 3	位 2	位 1	位 0
报警	启动禁止	快速停车	无电源		故障	操作被允许	启动	准备启动

本实验中，只连接了 CL1、CL2 的控制电源，主回路并没有连接三相 380 V 的主电源，导致软启处于 NLP 的状态。通信读取的状态和软启的状态一致，证明通信连接是正常的且读取的数据是正确的。

3.2.4　通信数据分析

在 Modscan 的第一行图标中选择 Show Traffic，可以按每一帧来读取通信的数据，如图 3-12 所示。其中灰色底色的是 PC 向 ATS48 发送的数据请求，黑色底色的是 ATS48 向 PC 返回的数据值。以最后一帧的数据为例，PC 向 ATS48 发送的数据请求为：

03 03 01 ca 00 01 a4 2a

第一个 03 为从站编号，即 ATS48 的通信地址，和我们在软启中设置的值一致。

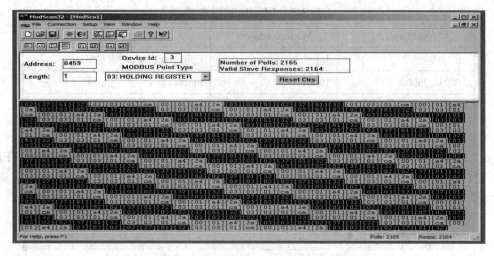

图 3-12　Modscan 按帧读取数据的界面

第二个 03 为功能码。我们是读取软启的寄存器的值，所以显示的是 03。

01 ca 为读取数据的起始地址。这里是十六进制显示的，转换为十进制即为 458，软启状态字寄存器的地址。

00 01 为读取数据的字数。我们只读取了 458 一个寄存器，所以显示为 1。

a4 2a 为 Modscan 自动生成的 CRC16 校验码。

ATS48 向 PC 返回的数据值为：

03 03 02 02 37 81 32

第一个 03 为从站编号，即 ATS48 的通信地址，和我们在软启中设置的值一致。

第二个 03 为功能码。我们是读取软启的寄存器的值，所以显示的是 03。

02 为读取字节数。我们读取的状态字占用了 1 个字即 2 个字节。

02 37 为读取的首字值。返回值为十六进制的 0237，和我们在通信界面看到的值一致。

81 32 为 Modscan 自动生成的 CRC16 校验码。

如果将通信的设置稍做改动，则可以发现通信的数据也会发生变化。例如，将 Length 读取寄存器的个数改为 3，则会连续读取 3 个寄存器的值，如图 3-13 所示。

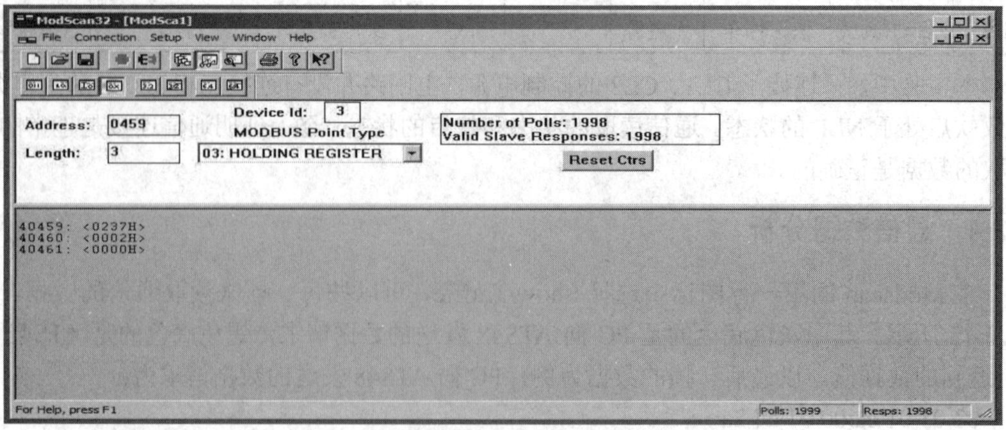

图 3-13　连续读取 3 个寄存器的值的界面

点击 Show Traffic，会发现通信请求和返回的值也发生了变化，如图 3-14 所示。

图 3-14　连续读取 3 个寄存器的帧的界面

还是以最后一帧的数据为例，PC 向 ATS48 发送的数据请求为：

03 03 01 ca 00 03 25 eb

可以看到，读取字数已经由 00 01 变为 00 03，即连续读取 3 个寄存器的值。

ATS48 向 PC 返回的数据值为：

03 03 06 02 37 00 02 00 00 6d f3

可以看到，读取字节数已经由 02 变为 06，这次返回的是 6 个字节即 3 个字的值，它们分别是十六进制的 02 37、00 02、00 00，这和我们之前在通信界面读到的值一致。

3.3　M340 PLC 与 ATV71 变频器 Modbus 通信

3.3.1　硬件连接

实验需要使用的硬件如表 3-7 所示。

表 3-7　M340 ATV71 Modbus 通信硬件列表

类　型	型　号	数　量
PLC	M340 P341000	1
变频器	ATV71	1
通信电缆	RJ45 屏蔽双绞线	1

PLC 和变频器只需要一根标准的 RJ45 双绞线作为通信电缆即可，一端插入 ATV71 的 Modbus 通信端口，另一端插入 M340 CPU 上的串口，如图 3-15 所示。

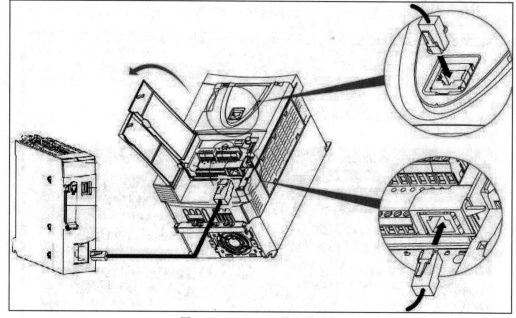

图 3-15　Modbus 通信电缆连接

需要注意的是，ATV71 变频器上有两个 RJ45 端口，变频器正面的 RJ45 端口是用于连接图形显示终端的，下面控制端子旁边的 RJ45 端口是用于 Modbus 总线通信的。本实验中连接的即为图 3-15 中的 Modbus 总线通信端口。

PLC 和变频器的 RJ45 端口引脚定义如图 3-16 所示。

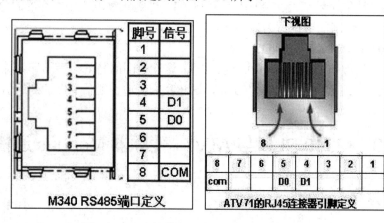

图 3-16　PLC 和变频器的 RJ45 端口引脚定义

3.3.2　变频器配置

ATV71 有两种操作面板，分别为集成显示终端和图形显示终端。按照 ATV71 变频器的输出功率大小来分，小于等于 75 kW 的 ATV71 变频器标准配置为集成显示终端，图形显示终端为可选件；大于 75 kW 的 ATV71 变频器标准配置为图形显示终端，无集成显示终端。

集成显示终端是通过几个 7 段数码管来显示的，不同的代码对应菜单和参数；图形显示终端有多种语言选择，可以设置为中文显示，而且显示内容更丰富。它们在变频器上的位置如图 3-17 所示。

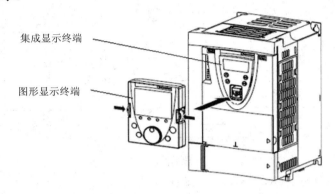

图 3-17　ATV71 的显示终端

本实验的目标是实现通过通信来启动、停止变频器和在运行中用通信来调整频率，需要将变频器的控制通道和给定(调速)通道都设置为通信。不同面板的设置方法如下：

(1) 集成显示终端：进入 Ctl 菜单，将 Fr1 设置为 ndb，CHCF 设置为 SEP，Cd1 设置为 ndb。

(2) 图形显示终端：进入 1.6 命令菜单，将给定 1 通道设置为 Modbus，组合模式设置为隔离通道，命令 1 通道设置为 Modbus。

通信相关的参数都在通信菜单里设置，不同面板的设置方法如下：

(1) 集成显示终端：进入 CON 菜单，再进入 Nd1 子菜单，将 Add 设置为 3，tbr 设置为 19.2，tF0 设置为 8E1，tt0 设置为 10。

(2) 图形显示终端：进入 1.9 通信菜单，再进入网络 Modbus 子菜单，将 Modbus 地址设置为 3，Modbus 波特率设置为 19 200 b/s，Modbus 格式设置为 8E1，Modbus 超时设置为 10 s。

需要注意的是，在做通信调试时，通常都没有连接和变频器功率相同的电机。如果是使用小电机甚至没有连接电机，则需要将变频器设置为压频比的控制方式，并将输出缺相的故障关闭，不同面板的设置方法如下：

(1) 集成显示终端：进入 Drc 菜单，将 Ctt 设置为 UF2 或 UF5；进入 Flt 菜单，再进入 Opl 菜单，将 Opl 设置为 No。

(2) 图形显示终端：进入 1.4 电机控制菜单，将电机控制类型设置为 2 点压频比或 5 点压频比；进入 1.8 故障管理菜单，再进入输出缺相子菜单，将输出缺相设置为否。

3.3.3　ATV71 Modbus 控制说明

PLC 的程序将通过功能块 Read_var 和 Write_var 将变频器内部寄存器的值映射到 PLC 变量，通过对 PLC 变量的读和写来实现对变频器的控制和监视。为了通过通信实现这些功能，需要了解变频器的控制流程及内部寄存器的定义。

1. ATV71 Drivecom 控制流程

ATV71 变频器的内部操作需要遵循 Drivecom 控制流程即 DSP402 状态表，如图 3-18 所示。

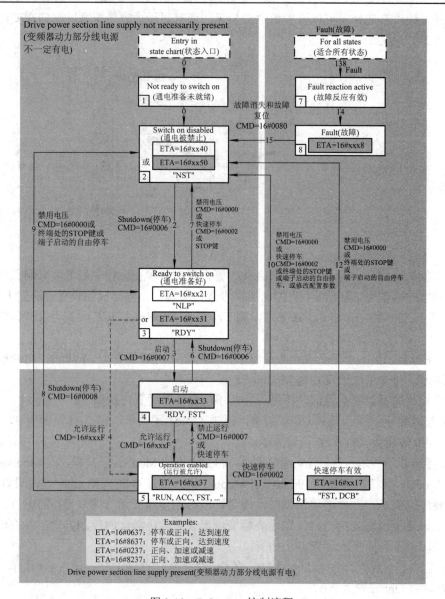

图 3-18　Drivecom 控制流程

流程图中各部分定义如图 3-19 所示。

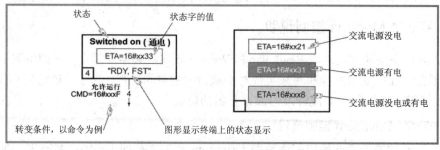

图 3-19　流程图各部分定义

例如，变频器如果交流主电源有电且变频器无故障，则在控制通道和给定通道都是

Modbus 通信控制时，变频器的状态字 ETA 的值应该是十六进制的 xx50，变频器面板显示状态为 NST。在变频器的控制字 CMD 写入十六进制的 0006 后，变频器的状态字 ETA 的值应该变为十六进制的 xx31。后续的流程以此类推。

如果在控制流程进行的过程中，出现 CMD 的值不能正常写入，或者 ETA 的值无法和流程图对应，则是变频器有通信问题或者由内部故障引起。遵循控制流程的优点就在于，如果变频器无法通过通信控制，则可以根据控制字 CMD 和状态字 ETA 的状态来判断故障的原因，在及时处理排查后还可以快速地从当前步骤继续进行控制。

2．ATV71 Modbus 内部寄存器

ATV71 有很多 Modbus 内部寄存器，这些寄存器有的用于通信连接来对变频器进行监视和控制，如电机电流、输出频率、输出功率、控制字、状态字等；还有的可用于变频器设定参数的监视和修改，如加速时间、减速时间、停车类型等。表 3-8 列出的是我们编程过程中需要使用的 ATV71 内部寄存器及其对应功能。

表 3-8　ATV71 内部寄存器

类　　型	地址	代码	说　　明
读出寄存器	3201	ETA	状态字
	3202	rFr	输出频率
写入寄存器	8501	CMD	控制字
	8502	LFR	频率给定

ATV71 变频器通过 Modbus 通信控制的控制字和状态字的每一位定义如表 3-9 所示。

表 3-9　ETA 和 CMD 的每一位定义

位	状态字 ETA(W3201)	控制字 CMD(W8501)
bit0	通电准备就绪/动力部分线电源挂起	上电/接触器控制
bit1	通电/就绪	允许电压/允许交流电压
bit2	运行被允许/运行	快速停车/紧急停车
bit3	故障	允许操作/运行命令
bit4	电压有效/动力部分线电源有电	保留=0
bit5	快速停动	保留=0
bit6	通电被禁止/动力部分线电源被禁止	保留=0
bit7	报警	故障复位/确认故障
bit8	保留=0	暂停
bit9	远程/通过网络给出的命令或给定	保留=0
bit10	达到目标/达到给定	保留=0
bit11	内部限值有效/给定超出限制	正转/反转
bit12	保留=0	可分配的
bit13	保留=0	可分配的
bit14	通过 STOP 键停止	可分配的
bit15	转动方向	可分配的

3.3.4　M340 PLC 硬件组态

打开 Unity Pro XL V10.0，新建一个项目，CPU 选择 M340 系列的 BMX P34 20102，如图 3-20 所示。

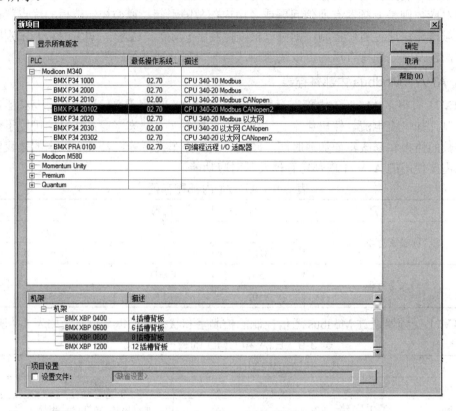

图 3-20　新建项目和 CPU 选择的界面

在项目浏览器中双击"配置"，打开硬件组态界面，如图 3-21 所示。

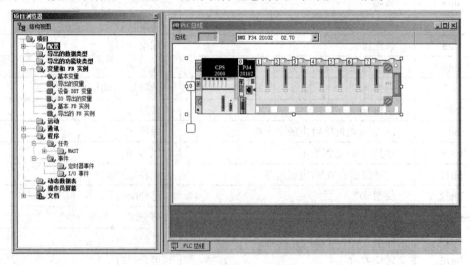

图 3-21　硬件组态界面

双击 CPU(即 P34 20102)上的串口，如图 3-22 所示。

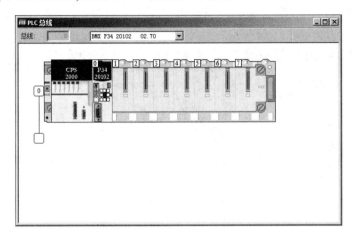

图 3-22　双击 CPU 上的串口界面

在打开的串口配置界面里设置 CPU 的串口为 Modbus 主站，其他通信参数如通信速度、格式等和 ATV71 变频器中的通信参数设置一致，如图 3-23 所示。

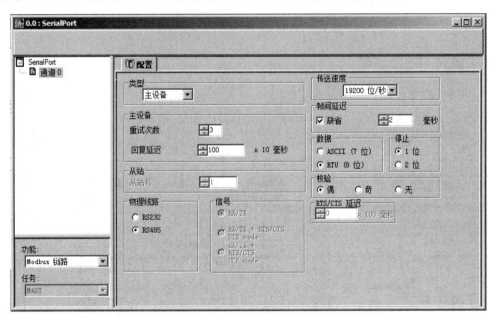

图 3-23　串口配置界面

CPU 的串口设置完毕后，点击工具栏上的确认按钮☑确认配置，如图 3-24 所示。

图 3-24　确认配置按钮

实验程序中将使用梯形图指令 READ_VAR 和 WRITE_VAR 对变频器的寄存器进行读

写的操作，为了便于编程，需要点击 Unity 菜单中的"工具"，再打开"项目设置"，在"变量"标签中勾选"直接以数组变量表示"和"允许动态数组(ANY_ARRY_XXX)"，如图 3-25所示。

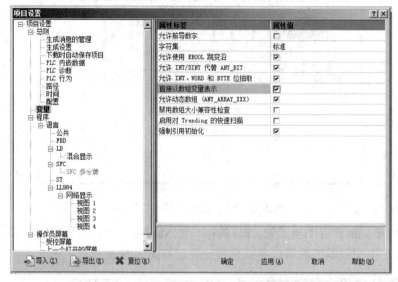

图 3-25　　"变量"标签中的勾选界面

3.3.5　M340 PLC 编程

打开项目浏览器的"程序"，在"任务"→"MAST"→"段"上点击右键，选择"新建段"新建一个名为 ATV71_Modbus 的梯形图(LD)程序，如图 3-26 所示。

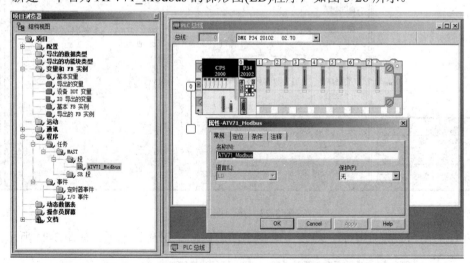

图 3-26　　新建梯形图程序的界面

本实验程序由 3 个部分组成：

时间令牌：PLC 的每个扫描周期最多只能有 8 个通信模块(READ_VAR 或者WRITE_VAR)同时处于激活的状态，如果 Modbus 总线上有多个变频器，则需要进行分时控制。时间令牌的作用就是让多个变频器轮流进行通信。

读/写变频器寄存器：当某个变频器拿到令牌时，使用 READ_VAR 或者 WRITE_VAR 指令来对变频器的寄存器进行读/写操作，以实现变频器的控制及监视。

Drivecom 流程：整个变频器的控制及监视程序必须遵循 ATV71 变频器的 DRIVECOM 流程(即 DSP402 流程)。

1. 时间令牌

实际应用中，Modbus 总线上往往有多个从站，为了实现程序的可扩展性，可以给每个从站分配一个时间令牌，每个通信功能块只有在拿到时间令牌时才会和从站进行通信。时间令牌在几个扫描周期内轮流传递，它可以有效地避免通信的"堵车"现象。

在项目浏览器中的"变量和 FB 实例"中双击打开"基本变量"，在数据编辑器中新建 3 个变量，如图 3-27 所示。

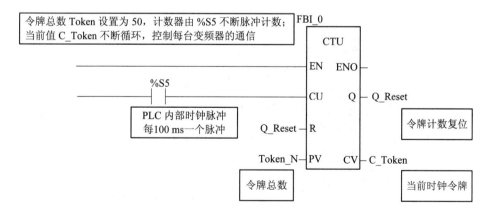

图 3-27　新建变量的界面

打开之前创建的梯形图程序，点击菜单栏中的 FFB 输入助手 图标，在 FFB 类型中输入"CTU"并确认添加对应的功能块，按图 3-28 所示编写时间令牌程序。

图 3-28　时间令牌程序

2. 读/写变频器寄存器

本实验程序中需要使用 READ_VAR 和 WRITE_VAR 指令，点击菜单栏中的 FFB 输入

助手 图标，在 FFB 类型中输入"READ_VAR"或者"WRITE_VAR"，即可添加对应的功能块；也可点击右侧的浏览按钮，在目录 Libraries/Families 的 Communication 文件中选择"READ_VAR"或者"WRITE_VAR"来添加，分别如图 3-29 和 3-30 所示。

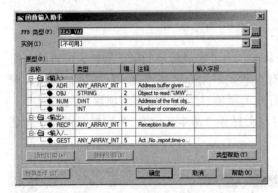

图 3-29　添加 READ_VAR 功能块的界面

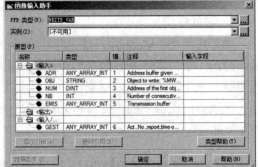

图 3-30　添加 WRITE_VAR 功能块的界面

READ_VAR 和 WRITE_VAR 功能块各个引脚的功能分别如图 3-31 和 3-32 所示。详细的引脚定义及支持的数据类型可以在 Unity 的帮助文档中查询。

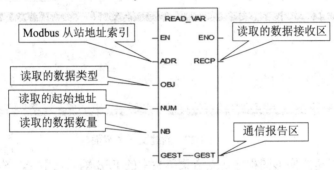

图 3-31　READ_VAR 引脚功能

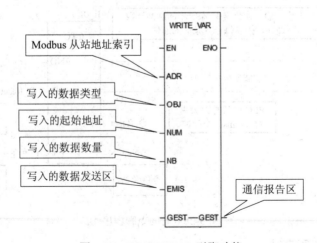

图 3-32　WRITE_VAR 引脚功能

程序实例及说明如图 3-33 所示。

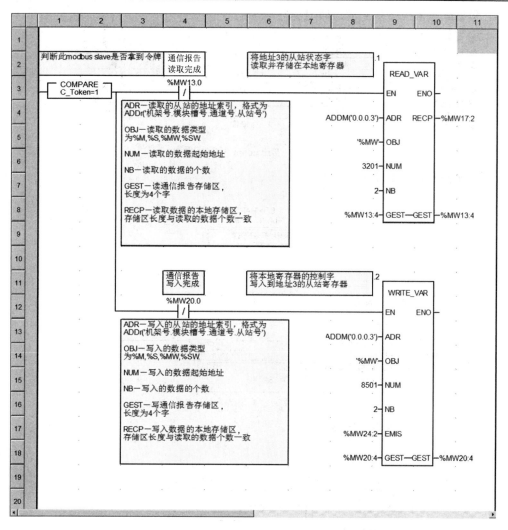

图 3-33　程序实例及说明

以上程序是将 3201 状态字、3202 输出频率分别和%MW17、%MW18 映射，8501 控制字、8502 给定频率分别和%MW24、%MW25 映射。为了便于编程和监测，在数据编辑器中新建变量，如图 3-34 所示。

ETA	INT	%MW17	变频器状态字
Freq_set	INT	%MW18	变频器频率给定
CMD	INT	%MW24	变频器控制字
Freq_out	INT	%MW25	变频器输出频率

图 3-34　新建控制和检测变量

3. Drivecom 流程

Drivecom 流程是在对 ATV71 变频器进行控制和监视时必须要遵循的流程，在变频器每次重新送电时需要将 Drivecom 流程进行一次。需要注意，如果给定通道是 Modbus 通信，在给变频器发送运行指令之前，一定要给给定频率寄存器 8502 或者给定转速寄存器 8602 赋值。

在数据编辑器中新建变量，如图 3-35 所示。

Fault	EBOOL	%M1		变频器故障
Rst_fault	EBOOL	%M2		变频器故障复位
Run_dir	EBOOL	%M3		正转
Run_rev	EBOOL	%M4		反转
Ready	EBOOL	%M6		变频器就绪
Nor_stop	EBOOL	%M7		自由停车
De_run	EBOOL	%M5		进制运行
Running	EBOOL	%M8		运行

图 3-35　Drivecom 所需变量

程序实例及说明如图 3-36 所示。

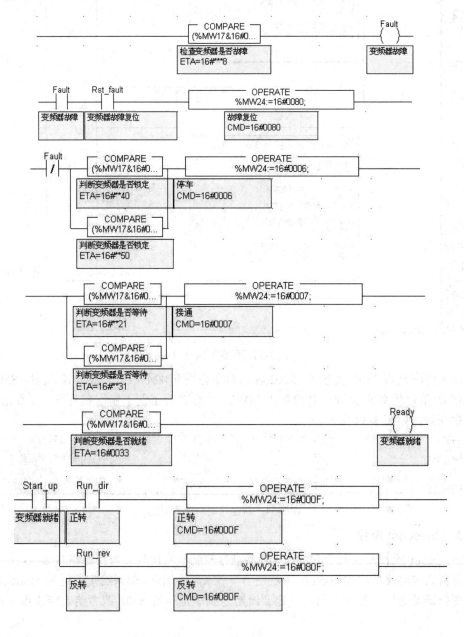

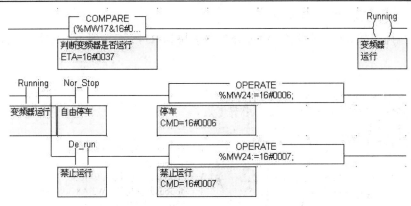

图 3-36　Drivecom 流程的程序实例及说明

3.3.6　实验调试

Unity 和 M340 PLC 连机以后，将程序下载到 PLC 并运行。在项目浏览器的"动态数据表"上右键选择"新建动态数据表"，在数据表中选择之前创建的变量，即可在 PLC 运行时监测程序的运行情况及变频器的状态，如图 3-37 所示。

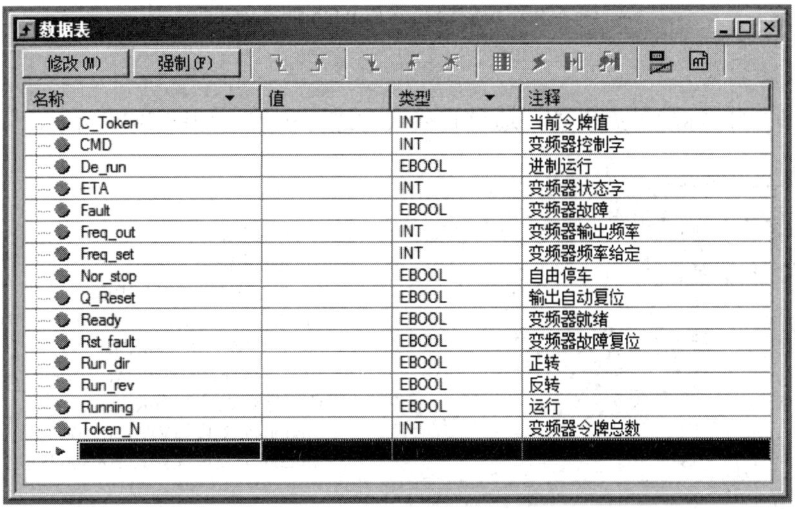

图 3-37　新建数据表的界面

当 Ready=1 时，设置 Freq_set 为 100，Run_dir=1，变频器就可以 10 Hz 运行。

当 Fault=1 时，用 Rst_Fault 复位。

其他操作步骤可以参考 Drivecom 控制流程图。

3.3.7　多台变频器通信

本实验只是对单个变频器进行控制和监测，现场实际应用中多台变频器的通信连接是很常见的，如果需要实现多台变频器的通信，则硬件和软件都需要进行扩展。

1. 硬件连接

施耐德提供专门的连接器来进行扩展，主要有两种扩展的方式。

1) 分配器模块和 RJ45 连接器

使用施耐德的标准扩展设备,通过分配器模块和 RJ45 连接器方式进行扩展,如图 3-38 所示。

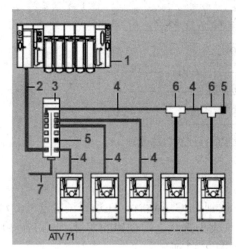

1—Modbus主站,PLC或者PC;
2—Modbus电缆;
3—Modbus分支模块LU9 GC3;
4—Modbus分支电缆VW3 A8 306R**;
5—线路终端器VW3 A8 306RC;
6—Modbus 三通盒VW3 A8 306 TF**(带电缆);
7—Modbus电缆TSX CSA*00(至另一个分支模块)

图 3-38　使用分配器和 RJ45 连接器扩展

2) 接线盒方式

使用施耐德的标准扩展设备,通过转接线盒进行扩展,如图 3-39 所示。

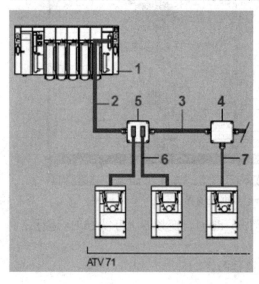

1—Modbus主站;
2—Modbus电缆;
3—Modbus电缆TSX CAS*00;
4—Modbus三通盒TSX SCA50(带一个RC线路
　终端器VW3 A8 306RC);
5—用户分接插口TSX SCA62(带一个RC线路
　终端器VW3 A8 306RC);
6—Modbus分支电缆VW3 A8 306R**;
7—Modbus分支电缆VW3 A8 306 D30

图 3-39　使用接线盒扩展

不论采用哪种扩展方式,当带的从站比较多时,Modbus 线路两端须接线路终端器,如第一种扩展方式中的标号 5,第二种扩展方式中的标号 4 和 5 的设备中包含线路终端器 VW3 A8 306RC。

采用标准的 Modbus 连接时,使用线路终端器 VW3 A8 306RC;采用 Modbus jbus 连接时,使用 VW3 A8 306R 线路终端器。这两种线路终端器的内部实际结构如图 3-40 所示。

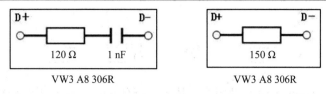

图 3-40　线路终端器的内部结构

2. 程序扩展

本实验的示例程序中，每个变频器是有一个唯一的时间令牌的，并且使用各自的 Drivecom 流程和 READ_VAR/WRITE_VAR 指令，只有当前的时间令牌等于此变频器的时间令牌时，通信块才会被激活。

如果同一个变频器需要对多个参数进行读写，只需要添加多个 READ_VAR/WRITE_VAR 指令即可，但需要注意同一扫描周期最多只能有 8 个 READ_VAR/WRITE_VAR 处于激活状态，每个 READ_VAR/WRITE_VAR 最多只能连续读写 1000 个位。

如果是多个变频器需要进行控制和监测，则需要复制读写从站寄存器程序、DSP402 流程和频率给定等程序。例如，若增加的变频器的时间令牌号为 2，Modbus 从站地址为 4，则需要更改参数包括变频器的时间令牌、通信参数、本地读写寄存器程序，如图 3-41 所示。

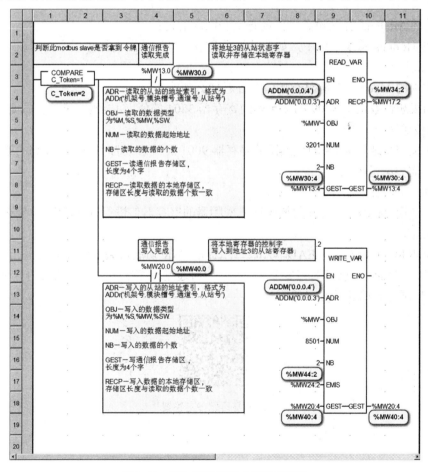

图 3-41　增加变频器的令牌程序修改

小　　结

　　本章主要介绍 Modbus 总线的历史、特点、硬件拓扑、数据结构及实际应用。Modbus 的信息帧包括设备地址、功能码、数据段和校验码。作为一种主/从结构的总线，Modbus 总线中只有一个主设备，可以有多个从设备，主设备和从设备之间通过查询和回应的方式进行通信。主设备向从设备发送请求，从设备接收后对其做出响应。

　　无论是 PC 通过 Modscan 软件还是 M340 PLC 通过程序，都是主设备(PC 或 PLC)通过多个不同信息帧，对从设备(软启或变频器)进行读取和写入的操作，从而实现对从设备的监视和控制。

思考与习题

　　1. Modbus 总线有哪两种传输模式？各自的特点是什么？施耐德产品应用更多的是哪一种？

　　2. 简述 Modbus 主/从设备之间的查询和回应的过程。

　　3. 在 Modbus 总线应用中，如果从站数量较少、通信距离较短，是否可以不加终端电阻？为什么？

　　4. 常用的 Modbus 功能码有哪些？各有什么功能？

　　5. 如果想读取地址为 09 的变频器的寄存器 3204 的值，功能码的通信格式是什么？(不需要编写校验码)

　　6. 如果想将地址为 09 的变频器的寄存器 9001 的值修改为 1000，功能码的通信格式是什么？(不需要编写校验码)

　　7. Modbus 总线支持哪种拓扑结构？

　　8. 在使用 Modscan 对施耐德软启或变频器的寄存器值进行读/写时，为什么要将寄存器的地址加 1？

　　9. 简述 M340 PLC 的 READ_VAR、WRITE_VAR 功能块关键引脚的定义。

　　10. 如果 Modbus 总线上有多个从站，则如何通过程序来实现各个从站的分时通信，避免"堵车"现象？简述其实现的原理。

思考与习题参考答案

第 4 章 CAN 总线

 知识目标

(1) 了解 CAN 总线的发展历史。
(2) 理解 CANopen 通信协议的结构及定义。

 能力目标

(1) 掌握不同设备间 CANopen 通信的建立方法。
(2) 熟练掌握 PDO 的使用。

4.1 CAN 总线概述

CAN 总线虽然是一个工业级的现场总线，却因为其在汽车行业的应用而广为人知，现在欧洲几乎每辆新车都配备了至少一套 CAN 网络。CAN 总线现在也被广泛应用于其他类型的交通工具如火车、轮船中，在电梯、医疗、工程机械等行业中的应用更是将它推广为全球处于领导地位的串行总线系统。

4.1.1 CAN 总线简介

1983 年，博世(Bosch)公司开始了车载网络的开发，工程师们期望创造一个应用于客车的、新的串行总线来减少电线的使用数量并拓展新功能。历时 3 年以后，博世公司 1986 年在底特律的 SAE 大会上正式推出 CAN 总线。英特尔公司和飞利浦半导体制造商在 1987 年分别推出了自己的 CAN 控制器芯片 82526 和 82C200。此后，CAN 总线就开始了快速的发展和标准化的过程。

1991 年，博世公司公布了 CAN 规范 2.0，智维公司推出了基于 CAN 的高层协议——CAN Kingdom。

1992 年，CAN in Automation (CiA)国际用户和制造商团体成立，并公布了 CAN 应用层(CAL)协议。首批采用 CAN 网络的梅赛德斯-奔驰汽车问世。

1993 年，ISO 11898 标准公布。

1994 年，CiA 举办了第一届国际 CAN 大会，Allen-Bradley 推出了 Device Net 协议。

1995 年，ISO 11898 标准修正案公布，CiA 公布了 CANopen 协议。

2016 年，CiA 发布了针对商用车辆的 CiA 602-2 version 1.0.0 CAN FD。

2018 年，CiA 447 进行了更新，为虚拟设备信息信号发送器和开关键盘引入参数。

CAN 总线在全球开始大范围的扩展，时至今日宝马、大众、沃尔沃、雷诺、菲亚特等知名车企都在它们的车辆上使用了 CAN 总线。由于 CAN 总线的易用性及其在汽车行业的成功应用，它更是扩张到了起重机、卷烟机、钟表制造机、原木加工机、注塑机、叉车等细分行业。

4.1.2　CANopen 通信协议

1. CANopen 通信协议简介

自 1995 年 CiA 公布了完整修订版的 CANopen 通信子协议后，它被首先应用于内部设备，尤其是驱动器的通信。在一系列成功的案例出现之后，欧洲各个行业开始尝试将其应用于特殊应用。由于 CANopen 拥有非常高的灵活性和配置性，它开始迅速地被大家接受，仅仅用了 5 年左右的时间，它就成长为欧洲最重要的嵌入式网络标准。

CANopen 是在 CAL 的基础上开发的，CAL 提供了网络管理服务和报文传送协议，CANopen 定义了对象的内容和类型。从 CANopen 协议和 CAN 总线在 OSI 模型的角度来看，CAN 总线只定义了第 1 层和第 2 层，CANopen 协议定义了第 7 层，它们的关系如图 4-1 所示。

		设备文件CiA DSP-401 I/O模块	设备文件CiA DSP-402 驱动器	设备文件CiA DSP-404 测量设备	设备文件CiA DSP-4XX
		⬇	⬇	⬇	⬇
第7层	应用层	通信文件CiA DS-301			
第6层	表示层	未定义			
第5层	会话层	未定义			
第4层	传输层	未定义			
第3层	网络层	未定义			
第2层	数据链路层	CAN 2.0A/B			
第1层	物理层	ISO 11898			

图 4-1　CANopen 的 OSI 模型

2. 第 1 层 "物理层" 包含的主要内容

第 1 层 "物理层" 包含的主要内容如下：

(1) CANopen 使用的通信介质是 2 线或 4 线(如果有电源提供)的屏蔽双绞线。

(2) 拓扑结构为总线模式，使用终端电阻。

(3) 最大通信距离可以达到 5000 m；在 10 kb/s～1 Mb/s 间有 9 种可能的波特率可选(基于总线长度和电缆类型，10 kb/s 通信距离可到 5000 m，1 Mb/s 通信距离只有 4 m，即通信速度越快，通信距离越短)。

(4) 最大设备总量可达 127 个，即 1 个主站，126 个从站，但每个分支的最大设备量只有 64 个。

3. 第 2 层 "数据链路层" 包含的主要内容

第 2 层 "数据链路层" 包含的主要内容如下：

(1) 网络的访问方式：在总线空闲的时候，每个设备都可以立即发送数据。如果发生冲突，总线会根据每一个位的显性或隐性来判定优先权，以保证数据的无损传输。消息的优先权是根据一个叫做 COB-ID(Communication Object Identifier)的值来判定的，COB-ID 值最小的拥有最高的优先级。作为一个标识符，COB-ID 位于数据帧的起始位置。

(2) 通信模式：生产者-消费者，每个消息的起始位置包含一个标识符，用以通知接收者每个消息包含的数据类型，每个接收者根据它的配置决定是否处理数据。

(3) 最大有效数据空间：每个数据帧 8 个字节。

(4) 信息传输安全：众多信号和错误检测设备保证信息传输优秀的安全性能。

4. 第 7 层"应用层"包含的主要内容

第 7 层"应用层"包含的主要内容如下：

(1) 数据是"如何"传输的。DS-301 通信文件为所有产品通用文件，除此之外它还定义了各个类型消息的 COB-ID 标识符的分配。

(2) 数据传输的是"什么"。DS-4XX 产品文件为各个产品类型特定文件，如数字量 I/O、模拟量 I/O、变频器、编码器等。

这些功能都是各个设备的对象字典来描述的，而对象字典的内容是依靠 EDS 文件的形式表述的。

(3) 标准功能类型。

下面将详细介绍 CANopen 协议第 1、2、7 层各自包含的详细内容。

4.1.3 CANopen 协议的物理层

如前文所述，CANopen 协议的物理层描述的是物理连接的要求，如表 4-1 所示。

表 4-1 CANopen 的物理连接要求

通信介质	屏蔽双绞线，2 线为 CAN_H 和 CAN_L，4 线为 CAN_H 和 CAN_L 以及电源
典型线路阻抗	通常为 120 Ω
终端电阻	每个线路的终端电阻都是 120 Ω
导线阻抗	通常为 70 mΩ/米
延迟时间	通常为 5 ns/米
拓扑形式	总线形式(包含最小可能的分支)

CANopen 协议的通信距离和通信速度是成反比的，如表 4-2 所示。

表 4-2 CANopen 协议的通信距离和通信速度

通信速度	最大总线长度/m	通信速度	最大总线长度/m
10 kb/s	5000	250 kb/s	250
20 kb/s	2500	500 kb/s	100
50 kb/s	1000	800 kb/s	25
125 kb/s	500	1 Mb/s	4

在 DR-303-1 文件里，CiA 推荐了三类连接器：

通用连接器：9 针 SUB-D 连接器 DIN 41652，多极连接器(带状电缆连接至 9 针 SUB-D)、RJ10 或 RJ45 接口。图 4-2 所示即为 9 针 SUB-D 连接器 DIN 41652。

工业连接器：5 针迷你型、微型、开放型。图 4-3 所示即为 5 针迷你型连接器。

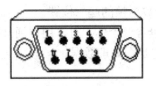

图 4-2　9 针 SUB-D 连接器

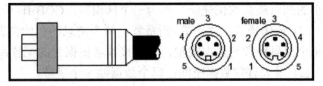

图 4-3　5 针迷你型连接器

图 4-4 所示为开放型连接器。

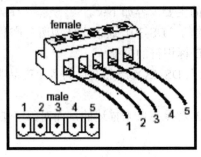

图 4-4　开放型连接器

特殊连接器：7 针、8 针、9 针或 12 针圆型连接器。

我们实验中使用的施耐德产品通常是 RJ45 接口或 9 针 SUB-D 连接器。

4.1.4　CANopen 协议的数据链路层

CAN V2.0 规格包含两种不同的类型，即 CAN 2.0.A 和 CAN 2.0.B。CAN 2.0.A 使用的是标准帧格式，标识符代码为 11 位，CANopen 就是使用的这种格式；CAN 2.0.B 使用的是扩展帧格式，标识符代码为 29 位，这种格式较少使用。

CANopen 有以下三种通信方式：

(1) 主从模型。一个 CANopen 设备为总站，负责传送或者接收其他设备(即从站)的数据。NMT 协定就是使用的主从模型。

(2) 服务器–客户端模型。这种模型定义在 SDO 协定中，SDO 客户端将对象字典的索引及子索引传送给 SDO 服务器，会产生一个或多个需求数据。

(3) 生产者–消费者模型。这种模型应用在 Heartbeat(心跳报文)和 Node Guarding(节点保护)协定。一个生产者传送出数据给消费者，同一个生产者的数据可能给一个以上的消费者。其又可分为两种模式：推送模式，生产者会自动传送出数据给消费者；拉拔模式，消费者需送出请求信息，生产者才会送出数据。

CAN 的帧包含 4 种类型，如表 4-3 所示。

表 4-3　CAN 的帧

数据帧	生产者发送给消费者的数据，不保证执行
远程帧	客户端发送给服务器，请求数据帧传送
错误帧	某个站发现总线上发生错误时发送
过载帧	在连续帧间请求附加时间

1 个完整的 CAN 2.0.A 数据帧包含有 1 位帧起始位，11 位标识符，1 位远程传输请求

位，6 位控制区(包含兼容性和数据长度)，0～64 位数据区(包含有效的数据，即最大 8 个字节)，15 位 CRC 校验区，1 位 CRC 定界符，1 位 ACK 位置，1 位 ACK 定界符，7 位数据帧结束，如图 4-5 所示。

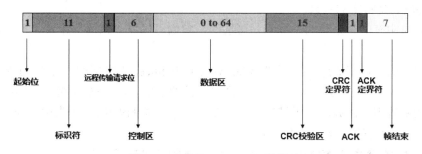

图 4-5　完整的 CAN 2.0.A 数据帧

总线判定通信数据的优先级是按位来判断的，在同一时间如果有多台设备发送请求，总线先根据数据帧的每一位判断是显性或者隐性，如果同一位有多个设备发送有效，则 COB-ID 最小的设备拥有最高的优先级。

如前文所述，CANopen 有完善的数据保护机制来保证数据的传输：在"位"等级，当 5 个相同的位传输时，一个附加的相反的位就被添加进来，这个位由接收者来测试和排除；在"帧结构"等级，CRC 定界符、ACK 定界符、数据帧结束、错误定界符、过载定界符都可以帮助检测，保证帧结构的正确；在"内容有效性"等级，CRC(Cyclic Redundancy Check 循环冗余校验)用于检测可能出现的传输错误；还有 ACK 位置，它使传输者得知自己的消息是否已被至少一个接收者接收。

4.1.5　CANopen 协议的应用层

CANopen 协议的应用层定义了数据是"如何"传输的和传输的是"什么"，这里有一个很重要的概念就是"对象字典"。

CANopen 网络中每个节点都有一个对象字典(Object Dictionary，OD)，它是一个对象的有序组(Sequenced Group of Objects)，每个对象都有一个 16 位的"索引"，某些情况下还包含一个 8 位的"子索引"，它描述了产品的所有功能。对象字典的结构如表 4-4 所示。

表 4-4　对象字典的结构

索引	对象	描　　述
0x0000	预留区	
0x0001-0x009F	数据类型区	定义变量使用的各种类型包括字节、字、双字、有符号的、无符号的，等等
0x00A0-0x0FFF	预留区	
0x1000-0x1FFF	通信文件区	描述和通信关联的对象
0x2000-0x5FFF	制造商特定文件区	描述制造商特定的应用对象
0x6000-0x9FFF	标准设备义件区	描述 CiA 标准的应用对象
0xA000-0xFFFF	预留区	

DS-301 通信文件描述了对象字典的整体结构和通信文件中 0x1000-0x1FFF 的对象，它适用于所有的 CANopen 产品。

　　DS-4XX 设备文件描述了各种类型设备的相关对象，0x6000-0x9FFF 是标准的对象，0x2000-0x5FFF 是特定的对象。

　　这些对象中有的是强制的，有的是可选的，它们可以以"只读"或者"可读可写"的方式访问。

　　对象字典的描述是通过 EDS 文件(Electronic Data Sheet)来实现的，导入 EDS 文件即可导入设备的对象字典。EDS 文件是一个有严格语法要求的、以 ASC II 格式编写的文件，它可以被总线配置工具加载，用于描述不同设备的各个对象的索引(及子索引)。ATV71 变频器的 EDS 文件的起始部分如图 4-6 所示。

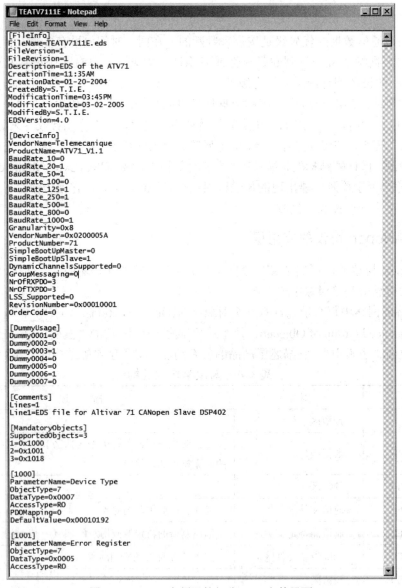

图 4-6　ATV71 变频器的部分 EDS 文件界面

例如，我们在 Unity 中导入 ATV71 变频器的 EDS 文件，再将 ATV71 添加到 CANopen 网络后，可以在变频器的属性中找到对象字典，如图 4-7 所示。

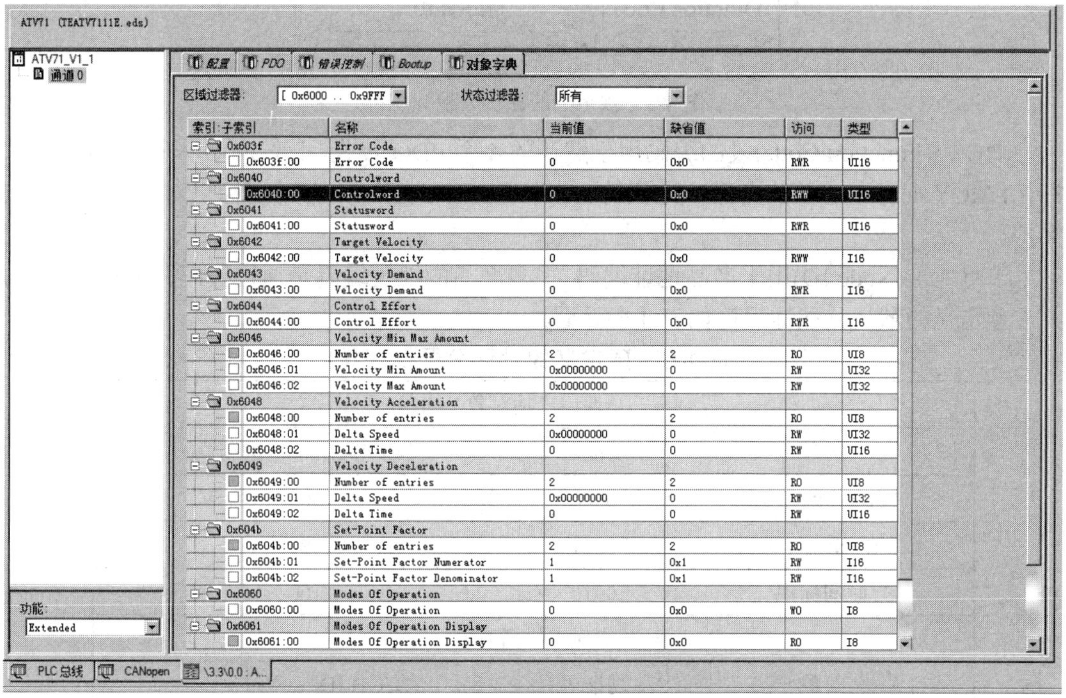

图 4-7　Unity 中变频器的对象字典界面

在区域过滤器中选择"0x6000-0x9FFF"即标准设备文件区，可以发现熟悉的"控制字" (Controlword)及"状态字"(Statusword)："控制字"的地址为 0x6040:00，即索引为 6040，子索引为 00；"状态字"的地址为 0x6041:00，即索引为 6041，子索引为 00。

上位机就是通过这些索引及子索引来进行寻址，在通信的时候来对设备的各个寄存器进行读和写的操作，进而实现对设备的监视和控制。

CANopen 通信文件 DS-301 定义了 4 类标准通信对象(COB)，如表 4-5 所示。

表 4-5　DS-301 定义的 4 类标准通信对象

网络管理(Network Management，NMT)	总线的启动、分配标识符、参数设置和网络管理监视(主从模式)
过程数据对象(Process Data Object，PDO)	高速传输的过程数据，8 字节以内，通常用于控制和监视
服务数据对象(Service Data Object，SDO)	参数设置数据，可以大于 8 字节，没有严格的时序要求，通常用于读取和设置参数
特殊功能对象(Special Function Object，SFO)	同步(SYNC)、时间标记(Time Stamp)、紧急事件(Emergency)等

在网络管理中，标识符的分配可以由 CANopen 预先定义的默认分配，也可以由用户或者应用修改。以预定义的默认分配为例，COB-ID 标识符分为两部分，如图 4-8 所示。

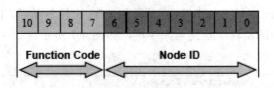

图 4-8　预定义的默认分配标识符

功能码(Function Code)段的编码用于默认的 4 个 PDO 接收、4 个 PDO 发送、1 个 SDO、1 个 EMCY 对象、1 个节点保护标识符、1 个 SYNC 对象、1 个时间标识对象、1 个节点保护。

节点地址(Node ID)用于产品地址编码,很多产品的地址编码是通过拨码开关来对应的。

预定义的默认分配标识符如表 4-6 所示。

表 4-6　预定义的默认分配标识符

通用广播对象		
对象	功能码	COB-ID(十六进制)
NMT 网络管理	0000	000
SYNC 同步	0001	080
时间标识	0010	100
点对点广播对象		
对象	功能码	COB-ID(十六进制)
紧急事件	0001	081～0FF
PDO1 发送	0011	181～1FF
PDO1 接收	0100	201～27F
PDO2 发送	0101	281～2FF
PDO2 接收	0110	301～37F
PDO3 发送	0111	381～3FF
PDO3 接收	1000	401～47F
PDO4 发送	1001	481～4FF
PDO4 接收	1010	501～57F
SDO 发送	1011	581～5FF
SDO 接收	1100	601～67F
节点保护	1110	701～77F

PDO 是现场应用中需要频繁使用的功能,我们的实验中也会用到很多 PDO 来控制和监视设备。PDO 使得设备可以对应一个或多个消费者来建立一个最大 64 位(即 8 个字节)的变量。每个发送或接收的 PDO 在对象字典中都是用 2 个对象来描述的,一个是 PDO 通信参数,定义 PDO 是如何发送或接收的,它包含了使用的 COB-ID、发送或接收的方式、发送 PDO 时 2 个消息间的最小时间;另一个是 PDO 映像参数,定义 PDO 传输的数据内容,它包含对象字典内的对象列表、每个对象的大小。

PDO 有同步和异步两种传输方式：同步通过接收同步对象实现同步，非周期的由远程帧或设备文件中的特定事件对象预触发发送，周期的在每 1、2，最多 240 个同步消息后触发；异步由远程帧或设备文件中的特定事件对象预触发发送。

SDO 用于点对点的参数设置数据，它不是实时的。在现场应用中，我们通常应用它来对设备的参数进行设定，设定完毕一次即可保存一次直到下次修改为止，不需要也不建议频繁刷新保存。1 个 SDO 的交换需要 2 个 COB-ID，1 个用于请求，1 个用于响应。

SFO 包含的是很多特殊功能对象，如 SYNC 是同步对象，它被用于同步输入的获得及输出的更新；时间标记对象给所有的设备提供了一个 6 个字节的、精确到毫秒的绝对时间(自1984 年 1 月 1 日起)；紧急时间对象由设备的各种内部错误(如电流、电压、温度、通信故障)触发。

SFO 有两种监视各站点状态的机制：一种是节点保护，它是基于主从模式的，由总线管理器在可配置的时间间隔里请求检查每个站点的状态；另一种是"心跳"协议，它是基于生产者-消费者模式的，各个站点的状态由可配置的循环间隔来管理。现在的新产品使用更多的是更可靠的"心跳"协议。

CANopen 通信协议的消息类别复杂、通信对象类型繁多，其通信过程的具体内容这里不再逐帧分析。实验中，我们将重点测试 PDO 过程数据对象的分配和使用，它被广泛应用于 CANopen 通信应用中的控制和监视。

4.2　M340 PLC 与 Tesys T 电动机管理控制器 CANopen 通信实验

4.2.1　硬件连接

1. 硬件列表

实验需要的硬件设备如表 4-7 所示。

表 4-7　CANopen 通信实验硬件列表

类型	型　号	数量
PLC	施耐德 M340(带机架、电源、CPU，CPU 型号为 BMX P34 20102)	1 套
Tesys T	LTMR08CFM	1 台
CANopen 连接器	VW3 CAN KCDF 180T	2 个
CANopen 电缆	TSX CAN CA 50	1 米

2. 硬件连接

如图 4-9 所示，CANopen 电缆 TSX CAN CA 50 两侧各插入两个 CANopen 连接器 VW3CAN KCDF 180T，再分别插入 PLC BMX P34 20102 和 Tesys T 电动机管理控制器LTMR08CFM 的 CANopen SUB-D 9 针通信接口，即可实现 CANopen 总线的连接。

需要注意的是，Tesys T 电动机管理控制器 LTMR08CFM 右下侧的通信端子排(端子标号为：V+, CAN_H, S, CAN_L, V+)一样可以用于 CANopen 总线的连接，但通信端子排和SUB-D 9 针通信接口同时只能有一个接口进行总线连接。由于 SUB-D 9 针通信接口连接更为可靠，因此现场连接推荐使用 SUB-D 9 针通信接口。

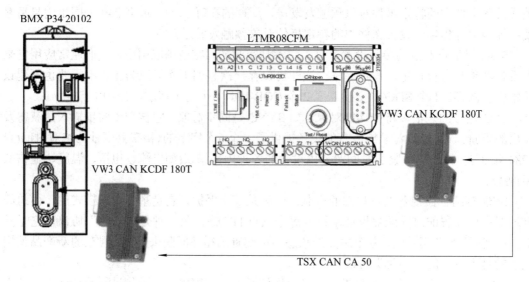

图 4-9   CANopen 通信实验硬件连接

PLC BMX P34 20102 的 CANopen SUB-D 9 针通信接口引脚定义分别如图 4-10 和表 4-8 所示。

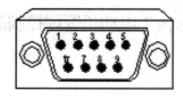

图 4-10   PLC BMX P34 20102 的 CANopen SUB-D 9 针通信接口

表 4-8   CANopen SUB-D 9 针通信接口引脚定义

引脚编号	信　号	描　　述
1	保留	保留
2	CAN_L	CAN_L 总线(低电平信号)
3	CAN_GND	CAN 接地
4	保留	保留
5	保留	CAN 可选屏蔽
6	GND	可选接地
7	CAN_H	CAN_H 总线(高电平信号)
8	保留	保留
9	保留	可选 CAN 外部供电电源

Tesys T 电动机管理控制器 LTMR08CFM 的 CANopen SUB-D 9 针通信接口引脚定义分别如图 4-11 和表 4-9 所示。

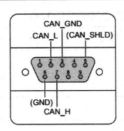

图 4-11　LTMR08CFM 的 CANopen SUB-D 9 针通信接口

表 4-9　CANopen SUB-D 9 针通信接口引脚定义

引脚编号	信　号	描　　述
1	保留	保留
2	CAN_L	CAN_L 总线(低电平信号)
3	CAN_GND	CAN 接地
4	保留	保留
5	(S)	CAN 可选屏蔽
6	保留	保留
7	CAN_H	CAN_H 总线(高电平信号)
8	保留	保留
9	V+	可选 CAN 外部供电电源

Tesys T 电动机管理控制器 LTMR08CFM 的通信端子排端子定义如表 4-10 所示。

表 4-10　LTMR08CFM 的通信端子排端子定义

引脚编号	信　号	描　　述
1	V+	未连接
2	CAN_L	CAN_L 总线(低电平信号)
3	S	屏蔽
4	CAN_H	CAN_H 总线(高电平信号)
5	V-	接地

CANopen 连接器 VW3 CAN KCDF 180T 的引脚及端子定义分别如图 4-12 和表 4-11 所示。

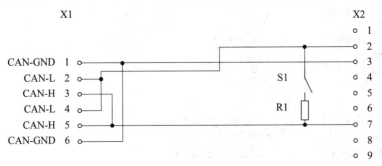

图 4-12　VW3 CAN KCDF 180T 的引脚及端子定义

表 4-11　VW3 CAN KCDF 180T 的引脚及端子定义

X1：内部螺纹端子	X2：9 针插座式 SUB-D	信号
1，6	3	CAN_GND
2，4	2	CAN_L
3，5	7	CAN_H

参考以上各个元件的引脚及端子定义图，将 CANopen 电缆 TSX CAN CA 50 的两根双绞线对应连接至 CANopen 连接器 VW3 CAN KCDF 180T 输入口的 CAN_L 和 CAN_H 端子，并将两个 CANopen 连接器 VW3 CAN KCDF 180T 上的终端电阻拨码开关都拨到"ON"的位置。

4.2.2　Tesys T 配置

Tesys T 电动机管理控制器的配置可以通过面板 LTMCU(新型号为 LTMCUF)或者 PC 软件 SoMove 来实现，Tesys T 电动机管理控制器本体或者扩展模块左侧的 RJ45 端口用于面板或者 PC 的连接，分别如图 4-13 和图 4-14 所示。

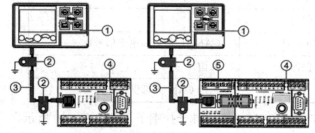

①—LTM CU 控制操作单元；
②—接地环；
③—LTM9CU·· HMI 设备连接电缆；
④—LTM R 控制器；
⑤—LTM E 扩展模块

图 4-13　Tesys T 本体或者扩展模块左侧的 RJ45 端口连接面板

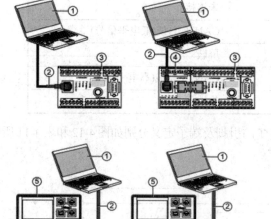

①—运行带 Tesys T DTM 的 SoMove 的 PC；
②—电缆套件 TCSMCNAM3M002P；
③—LTM R 控制器；
④—LTM E 扩展模块；
⑤—LTM CU 控制操作单元；
⑥—接地环；
⑦—LTM9CU·· HMI 设备连接电缆

图 4-14　Tesys T 本体或者扩展模块左侧的 RJ45 端口连接 PC

由于 Tesys T 电动机管理控制器保护功能强大，它的参数是非常多的，推荐使用更简单直观的 SoMove 软件对其进行配置。

　　本实验的目的是，通过 CANopen 总线对 Tesys T 电动机管理控制器进行控制和监视，以实现电动机的控制和保护，主要的参数配置包括通信和控制通道部分。

　　通信部分设置如图 4-15 所示，在"parameter list"(参数列表)标签中，选择"communication"(通信)菜单，展开"network port"(网络端口)子菜单，对通信相关的参数进行配置。本实验设置如表 4-12 所示。

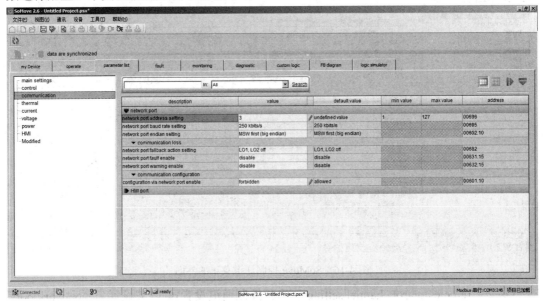

图 4-15　SoMove 通信设置菜单的界面

表 4-12　Tesys T 通信参数设置

参数名称	设置值	描　　述
network port address setting	3	CANopen 总线从站地址
network port baud rate setting	250 kb/s	CANopen 总线波特率
network port endian setting	MSW first(big endian)	字节存储顺序。本实验使用默认的高字节优先，即通信过程中高字节在前，低字节在后
network port fallback action setting	LO1,LO2 off	通信丢失时 Tesys T 的处理方式。本实验设置为通信丢失后 LO1、LO2 输出中断
network port fault enable	disable	通信丢失时故障使能。本实验设置为不触发故障
network port warning enable	disable	通信丢失时报警使能。本实验设置为不触发报警
configuration via network port enable	forbidden	通信端口配置参数使能。本实验只期望通过通信进行控制和监视，不需要通过通信配置参数，设置为禁止

控制通道部分设置如图 4-16 所示，在"parameter list"(参数列表)标签中，选择"control"
(控制)菜单，展开"local/remote control"(本地/远程控制)子菜单，在"local/remote channels"
(本地/远程通道)里就可以修改控制通道。

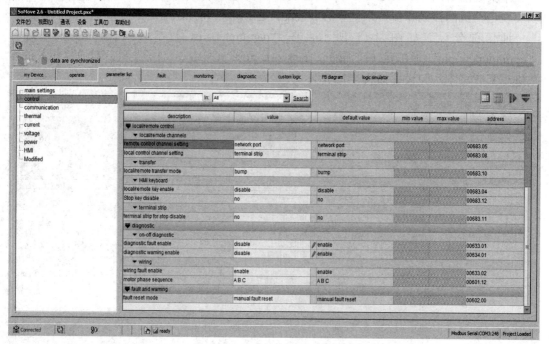

图 4-16　SoMove 控制通道菜单的界面

　　参数"remote control channel setting"(远程控制通道设置)可以被设置为"network port"
(网络端口)、"terminal strip"(端子排)、"HMI port"(HMI 端口)。本实验设置为默认值"network
port"(网络端口)。

　　参数"local control channel setting"(本地控制通道设置)可以被设置为"terminal strip"
(端子排)、"HMI port"(HMI 端口)。本实验设置为默认值"terminal strip"(端子排)。

　　参数设置完毕后，即可通过 Tesys T 电动机管理控制器端子排上的 I.6 来实现控制通道
的切换，I.6 没有信号输入时为本地控制通道，I.6 有信号输入时为远程控制通道。本实验
会持续使用通信对 Tesys T 电动机管理控制器进行控制和监视，I.6 应该一直保持有信号输
入的状态。

　　Tesys T 电动机管理控制器的其他参数设置，如电机电流、是否有外接互感器、穿线次
数、各保护功能是否激活等，需要参考实际电气回路接线及功能需求，具体设置方法可以
参考 Tesys T 电动机管理控制器用户手册，这里不再赘述。

4.2.3　M340 硬件组态

　　本实验使用的软件为 Unity Pro XL V12.0。

　　新建项目，CPU 选择 Modicon M340 下的 BMX P34 20102，如图 4-17 所示。

　　展开"项目浏览器"中的"配置"，双击"3：CANopen"打开 CANopen 总线配置界面，
如图 4-18 所示。

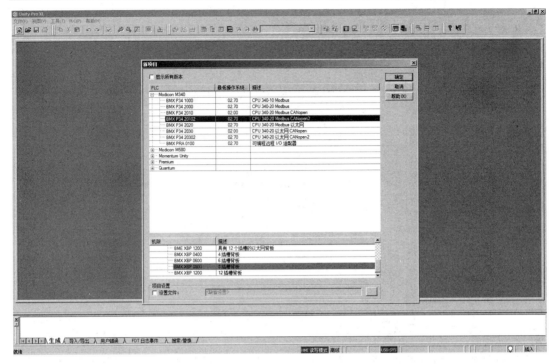

图 4-17　新建项目选择 CPU 的界面

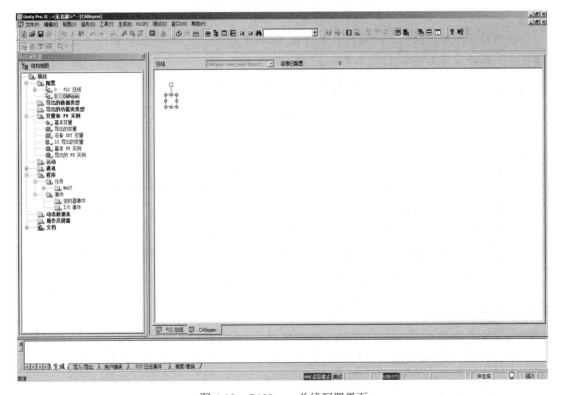

图 4-18　CANopen 总线配置界面

双击 CANopen 总线配置界面里的从站地址框来添加新设备，如图 4-19 所示。

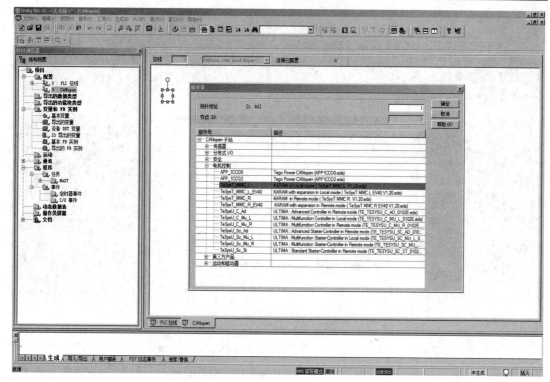

图 4-19　CANopen 总线添加新设备界面

在新设备添加界面中可以发现有 4 种和 Tesys T 相关的选项,它们区别在于是否有扩展模块、工作模式是本地/远程,如表 4-13 所示。

表 4-13　4 种 Tesys T 选项

设备名称	描　　述
TesysT_MMC_L	不带扩展模块,本地模式
TesysT_MMC_L_EV40	带扩展模块,本地模式
TesysT_MMC_R	不带扩展模块,远程模式
TesysT_MMC_R_EV40	带扩展模块,远程模式

需要注意的是,这里的本地/远程模式并不是指 Tesys T 电动机管理控制器的控制通道是本地/远程通道,而是指是否允许通过通信对 Tesys T 电动机管理控制器的参数进行配置。本地模式代表不允许,远程模式代表允许。

设备的选定必须与实际的硬件配置和参数设置对应。例如,本实验选择新设备为"TesysT_MMC_L",那么实际的硬件配置必须是不带扩展模块的,而且 SoMove 参数设置中必须要将"configuration via network port enable"(通过通信配置使能)设置为"forbidden"(禁止)。如果设备的选定和实际的硬件配置或参数设置不对应,则 PLC 会对设备无法识别,从而无法进行通信。

再次双击 CANopen 总线配置界面里的从站地址框,将从站地址修改为"3",修改后软件会提示是否更新所有变量(程序和数据)的引用,点击"确定"按钮继续,如图 4-20 所示。

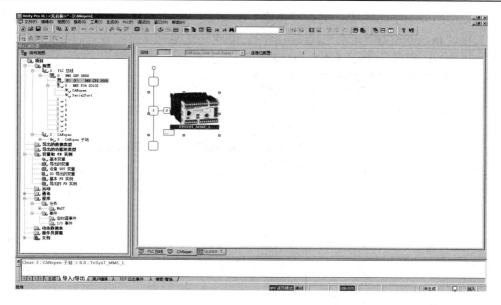

图 4-20　将从站地址修改为"3"的界面

　　双击从站打开从站配置界面，点击"PDO"标签对需要使用的 PDO 进行配置，如图 4-21 所示。

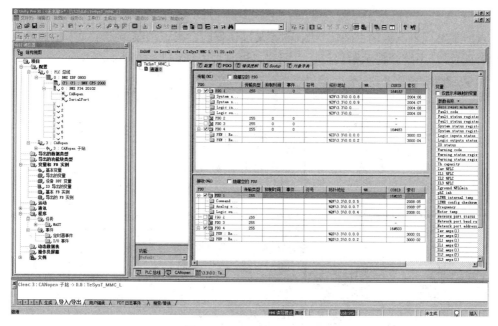

图 4-21　PDO 的配置界面

　　本实验期望通过通信来控制 Tesys T 电动机管理控制器的启动和停止，并监视其工作状态和运行电流。默认的 PDO 选择和我们的需求不同，我们需要删除不需要的变量，并添加需要的变量，在列表中点击右键即可选择。

　　我们需要保留"传输"中的"System status register 1"(系统状态寄存器 1，索引：2004:06)，"接收"中的"Command register 1"(命令寄存器 1，索引：2008:05)，其他不需要的变量

删除，取消"PDO 4"的勾选；并在"传输"中添加"Iav amps(1)"(平均电流(1)，索引：2004:33)和"Iav amps(2)"(平均电流(2)，索引：2004:34)，这两个寄存器共同用于平均电流，数字 1 对应 0.01 安培。PDO 修改完毕后，如图 4-22 所示。

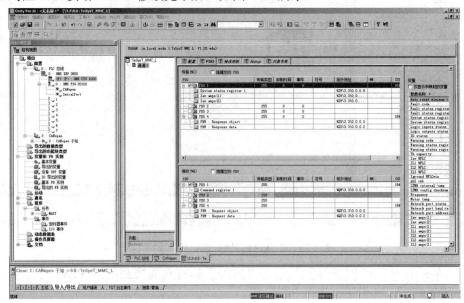

图 4-22　PDO 修改完毕界面

点击菜单列表下方的"确认"图标 ☑ 来确认修改，再点击菜单"生成"里的"重新生成所有项目"，系统会提示错误信息"配置二进制生成错误"，如图 4-23 所示。

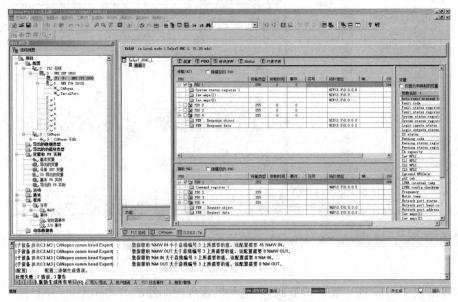

图 4-23　错误信息"配置二进制生成错误"的界面

从故障信息列表中我们可以看到，错误和警告是 CANopen 总线上的寄存器数量和从站实际需求不匹配引起的，错误的原因是"%MW IN"的数量比从站实际需求要少，警告的原因是其他寄存器的数量比从站实际需求要多。

双击组态界面中 CPU 的 SUB-D 9 针 CANopen 通信端口，如图 4-24 所示。

图 4-24　双击 CANopen 通信端口的界面

打开的界面即为主站的 CANopen 通信配置界面，如图 4-25 所示。

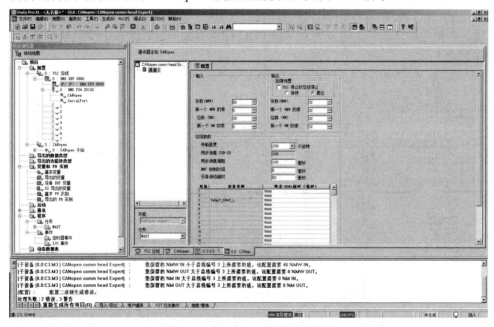

图 4-25　CANopen 通信配置界面

将"输入"中的"字数(%MW)"修改为"46"，其他设置为"0"；将"输出"中的"字数(%MW)"修改为"8"，"第一个%MW 的索"修改为"46"，其他设置为 0。

即将%MW0 至%MW45 分配给输入，%MW46 至%MW53 分配给输出，不分配%M。

再次点击菜单列表下方的"确认"图标 ☑ 来确认修改，然后点击菜单"生成"里的"重新生成所有项目", 之前产生的错误和警告都消除了, 如图 4-26 所示。

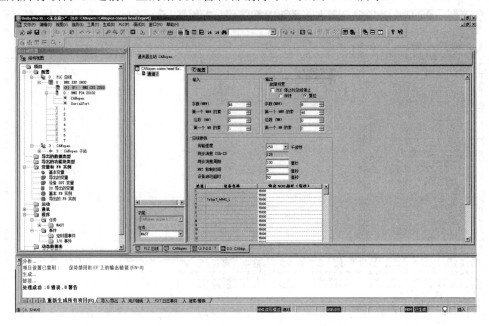

图 4-26　消除了错误和警告的界面

我们可以看到, CPU 的 CANopen 总线传输速度也是在这里配置的, 默认的值是 250 千波特, 和之前我们给 Tesys T 电动机管理控制器设置的速度是一致的, 无需更改。

项目重新生成完毕后, 可以看到从站 PDO 配置界面中已经给各个变量映射了寄存器, 如图 4-27 所示。

图 4-27　各个变量映射了寄存器的界面

PDO 映射列表如表 4-14 所示。

表 4-14　PDO 映射列表

传输变量	传输寄存器
System status register 1	%MW8
Iav amps(1)	%MW30
Iav amps(2)	%MW31
接收变量	接收寄存器
Command register 1	%MW51

在"项目浏览器"的"动态数据表"中，点击右键新建一个数据表，添加需要监视和控制的寄存器，如图 4-28 所示。

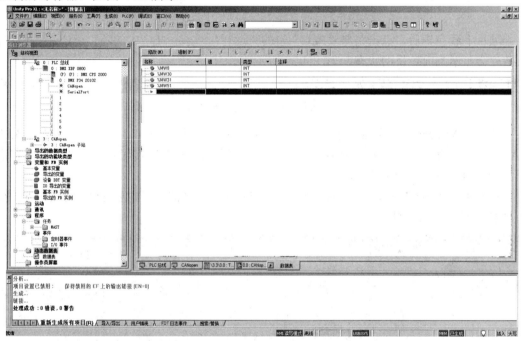

图 4-28　新建动态数据表界面

4.2.4　通信数据分析

在菜单"PLC"中，点击"设置地址"打开连接属性界面，如图 4-29 所示。

本实验使用 MiniUSB 接口连接 PC 和 PLC，将"介质"选择为"USB"，点击"测试连接"按钮，如果连接正常的话会弹出连接成功的界面，如图 4-30 所示。

图 4-29　连接属性界面

图 4-30　连接成功界面

在菜单"PLC"中点击"连接"，将 PC 连接至 PLC；再在菜单"PLC"中点击"将项目传输到 PLC"，在弹出的项目传输界面中点击"传输"按钮，将当前配置的项目下载到 PLC 中，如图 4-31 所示。

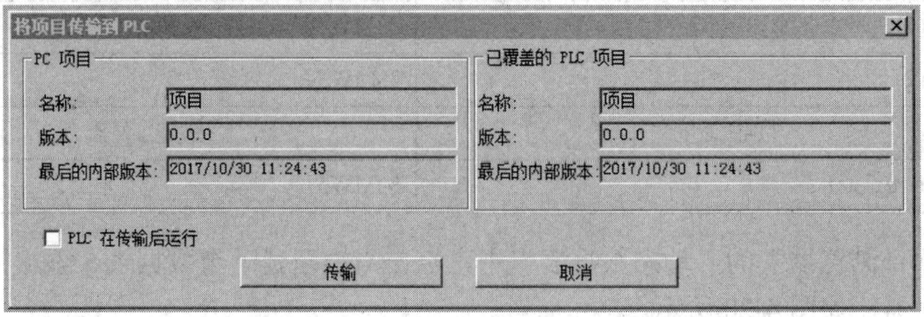

图 4-31　将项目下载到 PLC 中的界面

项目下载完毕后，点击菜单"PLC"中的"运行"，运行 PLC 中的项目。Unity 下方的任务栏会显示当前项目的状态，如图 4-32 所示。

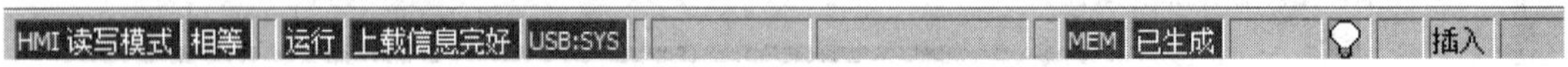

图 4-32　当前项目的状态界面

如果 CANopen 总线配置界面中从站的地址显示为红色(如图 4-33 所示)，或者主站的 CANopen"故障"检测界面有故障信息(如图 4-34 所示)，则是项目配置或者硬件连接有错误，请仔细检查之前的配置步骤。

在开始对 Tesys T 电动机管理控制器进行控制和监视之前，一定要保证通信是正常的，而且 PLC 处于运行的状态。

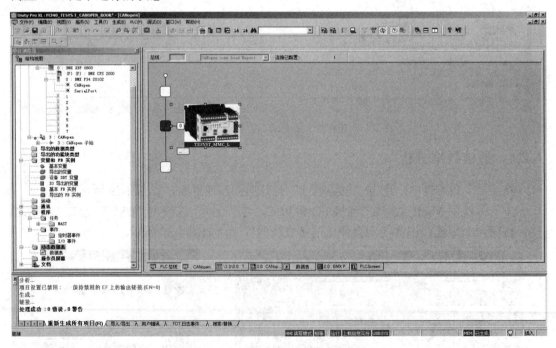

图 4-33　从站的地址显示为红色的界面

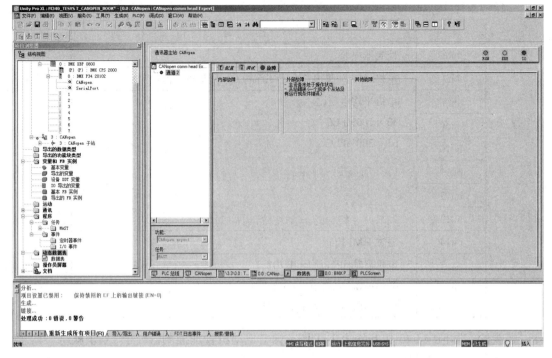

图 4-34　CANopen "故障" 检测界面有故障信息

选择 "项目浏览器" 中 "动态数据表"，双击打开我们刚才创建的 "数据表"。在变量 "%MW8" 和 "%MW51" 上点击右键选择 "显示格式"，将数据显示的格式修改为 "二进制"，显示结果如图 4-35 所示。

图 4-35　数据表的二进制显示

可以看到，"System status register 1"(系统状态寄存器 1)%MW8 里的值是二进制的 0000 0000 0100 0001。系统状态寄存器 1 各个 bit 的定义如表 4-15 所示。

表 4-15　状态字各个位定义

位	描　　述
bit0	系统就绪
bit1	系统打开
bit2	系统故障
bit3	系统警告
bit4	系统跳闸
bit5	允许故障复位

续表

位	描　　述
bit6	控制器电源
bit7	电机运转(如果电流大于 10%FLC，则进行电流检测)
bit8	电机平均电流比
bit9	32 = 100%FLC
bit10	63 = 200%FLC
bit11	
bit12	
bit13	
bit14	通过 HMI 控制
bit15	电机启动(正在进行启动) 0 = 递减的电流小于 150%FLC 1 = 递增的电流大于 10%FLC

　　监视的实际值中 bit0 和 bit6 为 1，即 Tesys T 电动机管理控制器处于"系统就绪"和"控制器电源"正常的状态。

　　"Command register 1"(控制寄存器 1)%MW51 各个 bit 的定义如表 4-16 所示。

表 4-16　控制字各个位定义

位	描　　述	位	描　　述
bit0	电机正向运行命令	bit8	预留
bit1	电机反向运行命令	bit9	预留
bit2	预留	bit10	预留
bit3	故障复位命令	bit11	预留
bit4	预留	bit12	预留
bit5	自检命令	bit13	预留
bit6	电机低速命令	bit14	预留
bit7	预留	bit15	预留

　　可以看到，bit0 置 1 即可让电机正转，点击"数据表"中的"修改"按钮，将"Command register 1"(控制寄存器 1)%MW51 的 bit0 置 1 让电机开始正转，如图 4-36 所示。

修改(M)	强制(F)									
名称	▼	值			类型	▼	注释			
%MW8		2#1010_0001_1100_0011			INT					
%MW30		0			INT					
%MW31		42			INT					
%MW51		2#0000_0000_0000_0001			INT					

图 4-36　控制字 bit0 置 1 的界面

电机开始正转以后，"System status register 1"(系统状态寄存器 1)%MW8 里的值变为二进制的 1010 0001 1100 0011。

bit1 和 bit7 变为 1，对应电机处于运行的状态。

bit8 至 bit13 的值换算为十进制为 32，即运行电流达到 100%FLC。本实验中，Tesys T 的 FLC 设置为 0.4 A，即实际运行电流为 0.4 A 左右。

bit15 变为 1，对应电机处于运行的状态且电流大于 10%FLC。

"Iav amps(1)"(平均电流 1)%MW30 和 "Iav amps(2)"(平均电流 2)%MW31 里的值分别为十进制的 0 和 42，对应实际运行电流为 0.42 A。

如果想让电机停止，将 "Command register 1"(控制寄存器 1)%MW51 的 bit1 置 0 即可，"System status register 1"(系统状态寄存器 1)%MW8、"Iav amps(1)"(平均电流 1)%MW30 和 "Iav amps(2)"(平均电流 2)%MW31 的值都会恢复到初始状态。

小　结

本章主要介绍 CAN 总线的历史和 CANopen 通信协议的结构，并重点介绍了 CANopen 通信协议中第 1、2、7 层，即物理层、数据链路层、应用层定义的内容，从而对 CANopen 通信协议有了一个完整的、清晰的认识。相对于其他类型的通信协议，CANopen 经历了长远的发展，尤其在汽车行业的应用使它逐渐成为一个严谨而灵活的通信协议。但是，CANopen 的寻址和判定方式略显复杂，这对于想逐帧核对通信过程的技术人员是一个挑战。

在现场应用中，主要是对各个不同的站点设备进行控制和监视，所以现场的应用通常会更多地使用 PDO。我们实验过程中也都是使用 PDO，过程数据的实时刷新使得控制数据可以及时地发送到各个站点，监视数据可以及时地返回到主站，从而使生产可以快速、高效地进行。

思考与习题

思考与习题参考答案

1. 简述 CAN 总线和 CANopen 通信协议的区别。
2. 列举几个常见的 CANopen 通信协议的设备文件。
3. CANopen 通信协议的通信距离和通信速度有什么对应关系？
4. CANopen 通信协议对站点数量有什么要求？
5. CAN 2.0.A 和 CAN 2.0.B 最主要的区别是什么？哪种更为常用？
6. CAN 总线如何判定通信数据的优先级？
7. 什么是对象字典？实际应用中怎么配置才能导入设备的对象字典？
8. 什么是 PDO 和 SDO？实际应用中它们通常用来实现的功能是什么？
9. PDO 有哪两种传输方式？各自是靠什么触发的？
10. 编写一段小程序，输入 I0.0 控制停止，输入 I0.1 控制启动，输出 O0.0 显示故障。

第 5 章　Profibus 总线

知识目标

(1) 了解 Profibus 总线的特点、分类及应用范围。

(2) 理解 Profibus 总线的数据结构和 GSD 文件内容。

能力目标

(1) 掌握 PLC 和其他设备 Profibus DP 通信的建立方法。

(2) 掌握 Profibus DP 通信组态时的易错问题。

5.1　Profibus 总线概述

5.1.1　Profibus 总线简介

Profibus 是西门子公司的现场总线标准，它是 Process Fieldbus 的缩写。目前，它是在国内应用范围最广的现场总线，尤其是 Profibus DP 在国内工厂自动化和流程自动化的占比非常高。Profibus 现场总线接线简单，通信速度高，通信过程稳定，西门子的 PLC 加上 Profibus DP 的通信协议几乎是所有工业现场的首选，再加上后来的 Profinet 工业以太网协议，它们都获得了设计人员、操作人员的广泛认可。由于其进入国内较早，而且在很多典型行业如港口、钢铁、食品、饮料等的广泛应用，因此它在网络上有很多典型方案和故障的解决办法，为技术人员解决问题提供了很大的便利。

Profibus 包含 Profibus DP、Profibus FMS 和 Profibus PA，以及后来推出的 Profidrive、Profisafe、Profinet 等，它们囊括了车间级和现场级的应用层次。

Profibus DP 设计用于设备级应用，它主要用于完成 PLC、传感器、执行器(电机、电磁阀等)的通信任务，通信速度最高可达 12 Mb/s。Profibus DP 包含了 DP V0、DP V1 和 DP V2 三个版本，是目前国内应用最多的通信协议。本章实验也是以 Profibus DP 为例。

Profibus FMS 设计用于车间级应用，它主要通过主站和主站之间的通信来完成车间级较大范围的报文交换，实现实时控制和监视。但是，Profibus FMS 在国内应用范围较小，目前正逐渐被后来居上的工业以太网 Profinet 所替代。

Profibus PA 设计用于过程自动化，它适用于安全性较高及需要总线供电的应用。

顾名思义，Profidrive 应用于变频器、伺服等驱动器的运动控制通信，Profisafe 则应用于安全性要求特别高的场合。

Profinet 是现在的三大工业以太网通信协议之一，它是建立在工业以太网基础上的 Profibus。在第 6 章我们将介绍西门子 1200 PLC 与施耐德 ATV340 变频器的 Profinet 通信，可以看到除了通信介质和地址分配方式不同，Profinet 在组态上和 Profibus DP 是很相像的，但其实 Profinet 和 Profibus 的令牌通信机制有本质的不同。

当然，Profibus 也为很多特殊行业制定了很多特殊用户界面规范，如针对 HMI 设备、编码器、半导体制造设备、液压泵等，大家可以在有具体需求时检索，这里不再赘述。

Profibus 是典型的主从结构的现场总线，它是由 1 类主站、2 类主站、从站这三类站点组成的。1 类主站用于管理从站，完成通信控制；2 类主站除了具有 1 类主站的能力之外还能够对 1 类主站的组态和诊断进行管理；从站则是提供 I/O 数据的受控设备，它负责接收主站的命令并执行，再将状态和故障信息返回给主站。

在前面我们提到 Profibus 也可以实现主站和主站之间的令牌传递，令牌可以使得在任意时刻只有一个站点发送和接收数据，从而避免通信"拥堵"的情况发生，以便任意一个站点都有充足的时间来快速、简单地完成自己的通信任务。

综合主站之间的令牌循环和主从通信方式，Profibus 系统可以组态成主-主系统、主-从系统以及混合系统。

下面我们将以 Profibus 家族中最重要的 Profibus DP 为例来介绍其结构。

5.1.2　Profibus DP 通信协议

Porfibus DP 是目前应用最广泛的 Probibus 总线。它的基本特点为：可以是单主站/多主站结构，1 类主站和 2 类主站都可以读取从站的数据，但同时只能有一个主站可以对从站进行操作；1 类主站的通信是循环的，2 类主站的通信是非循环的；总线上的从站优先级都是相同的；每个从站最多可以有 244 个字节的输入/输出数据，传输数据的速度最高可以达到 12 Mb/s。

1 类主站和从站之间，由 1 类主站发出诊断、参数化、组态、数据交换报文，从站则对主站发出的请求产生响应。

2 类主站和从站之间，除了 1 类主站的报文之外，还包括了设定从站地址、读取输入、读取输出、获取组态报文，而且 2 类主站和从站之间的通信都是可选功能。

1 类主站和 2 类主站之间，报文则主要用于组态数据的上传和下载、读取 1 类主站相关数据。

Porfibus DP 通信协议的通信参考模型如表 5-1 所示。

表 5-1　Porfibus DP 通信协议的通信参考模型

用户层	DP 规程(DP V0，DP V1，DP V2)
应用层	未定义
表示层	未定义
会话层	未定义
传输层	未定义
网络层	未定义
数据链路层	MAC 介质存取控制子层-令牌传送
物理层	RS-485/光纤

Porfibus DP 通信协议采用了 ISO 标准模型的第 1 层物理层、第 2 层数据链路层，省略了第 3～7 层，添加了用户层。精简结构有利于提高通信的速度和效率，用户层则是制造商和用户认可的行业应用需要的特殊规定。

第 1 层物理层介绍了 Profibus DP 使用 RS-485 或者光纤进行传输，现场更为普遍的是 RS-485 形式。RS-485 最好使用 9 针 D 型插头连接器；不带中继器时最多 32 个站点，带中继器时最多 127 个站点；通信介质推荐使用屏蔽双绞线，如果现场 EMC 环境较好也可以使用不带屏蔽层的双绞线；线性总线，两端需连接终端电阻；传输速度在 9.6 kb/s～12 Mb/s，传输距离与传输速度成反比，如表 5-2 所示。

表 5-2　传输距离与传输速度

波特率(kb/s)	9.6	19.2	93.75	187.5	500	1500	12 000
距离/段(m)	1200	1200	1200	1000	1000	200	100

如果现场 EMC 环境较差，需要长距离的高速传输，可以使用光纤传输。在总线中加入专用的连接器即可实现 RS-485 对光纤、光纤对 RS-485 的转换。

Profibus DP 采用的 RS-485 是一种平衡差分传输的方式，它在屏蔽双绞线上传输的是两个大小相同而方向相反的信号。需要注意的是，Profibus DP 使用的电缆通常外表为紫色，而且对电缆的特征阻抗、单位长度电容等参数要求较高，现场通信时尽量使用正规厂家生产的 Profibus DP 电缆，特别是西门子的 Profibus DP 电缆，否则在现场容易出现通信失败、稳定性差等故障，影响生产制造进度。

屏蔽双绞线内的两根数据线通常分为 A 线、B 线；D 型插头内通常分别有两组 A 线端子和 B 线端子，一组用于进线，一组用于出线。位于总线两端的设备只需要连接进线的 A、B 端子，并拨动拨码开关接入终端电阻；位于总线中间的各个设备则需要从前一个设备接入进线的 A、B 端子，并使用出线的 A、B 端子连接至下一个设备，不需要拨动拨码开关接入终端电阻。在使用 9 针 D 型插头时，一定要注意插头上是否有终端电阻，并根据从站的位置选择拨动/不拨动拨码开关接入终端电阻。在线路的两端接入终端电阻，可以吸收通信传递到线路终端的能量，避免信号"反射"，防止信号产生畸变，从而提高通信稳定性。

以施耐德电气 ATV900 系列变频器的 Profibus DP 卡为例，其通信接口如图 5-1 所示。

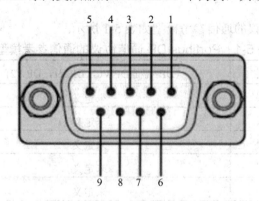

图 5-1　Profibus DP 卡的通信接口

通信接口的引脚定义如表 5-3 所示。

表 5-3　Profibus DP 卡的引脚定义

引脚编号	定义	注释
1	Shield	屏蔽层保护接地
2	—	未定义
3	RxD/TxD-P	接收/发送数据-P
4	CNTR-P	控制-P
5	DGND	数据接地
6	VP	电压增加
7	—	未定义
8	RxD/TxD-N	接收/发送数据-N
9	—	未定义

从表中可得知，A 线需要连接至 8 脚，B 线需要连接至 3 脚。

第 2 层数据链路层 Profibus DP 定义了链路是如何建立、维持、解除的。数据链路层的 MAC 协议是基于令牌传输(Token Passing)的主从分时轮询协议，Profibus DP 系统里只有一个令牌，这个令牌在各个主站间按地址的升序传递，只有拿到令牌的主站才能对它的从站发送和接收数据，这个时候其他主站是没有发起通信的权限的。从站作为一个受控设备，只能等待主站发送的请求，如果从站之间需要通信，只能通过主站对不同的从站的读/写来实现。

Profibus 数据链路层的报文一般结构如表 5-4 所示。

表 5-4　Profibus 数据链路层的报文一般结构

SD	LE	LEr	SDr	DA	SA	FC	DU…	FCS	ED

Profibus DP 数据链路层的报文一般结构如表 5-5 所示。

表 5-5　Profibus DP 数据链路层的报文一般结构

SD	LE	LEr	SDr	DA	SA	FC	DSAP	SSAP	POU…	FCS	ED
68h	xx	xx	68h	xx	xx	xx	xx	xx	xx…	xx	16h

报文中，SD 是报头，LE 是数据长度，LEr 是重复数据长度，SDr 是重复报头，DA 是目标地址，SA 是源地址，FC 是功能码，FCS 是帧校验序列，ED 是报尾(固定为 16h)。

Profibus 的报文有四种：SD1=10h，请求 FDL 状态，用于寻找新的站点；SD2=68h，用于 SRD 服务；SD3=A2h，数据单元长度固定；SD4=DCh，用于两个主站间发送总线授权。

Profibus DP 数据链路层的报文比 Profibus 多了两个字节：DSAP 目的服务访问点和 SSAP 源服务访问点。这两个特殊字节是为了区分 DP 报文和其他报文，因为可能有同时使用 Profibus 数据链路层的其他报文存在。

用户层如前文所述，Profibus DP 包含了 DP V0、DP V1、DP V2 三个版本。它们包含的基本功能集是不同的：DP V0 包含了 SRD(Send and Request Data)发送和请求数据，SDN(Send Data with No acknowledge)发送不需要确认的数据；DP V1 则在 DP V0 的基础上

添加了 CS(Clock Synchronization)时钟同步；DP V2 在 DP V1 的基础上添加了 MSRD(Send and Request Data with Multicast Reply)发送和请求数据，并要求群发数据帧回复。

下面介绍几个 Profibus DP 组态及编程过程中需要使用到的关键概念。

1. PZD 和 PKW

Profibus DP 通信报文的有效数据区由 PZD 和 PKW 两部分组成：PZD 是过程数据区，PKW 是参数识别及数值区。PZD 内的数据是"周期性"交换的，它会跟随主机的扫描周期不停地刷新，所以通常用来处理过程数据，如控制启/停的控制字、读取从机状态的状态字、电机的电流与频率等。在实际的生产应用中，需要大量的实时控制、监控的数据，基本都是通过 PZD 来实现的。PKW 内的数据是"非周期性"交换的，它会跟随主机的请求来刷新，也就是说主机请求一次 PKW 才会刷新一次，所以通常用来处理参数的识别和数值的读取，如从站配置参数的读取、修改从站的特定参数等。当然，如果主机通过 PKW 来定时地给从机发送请求，PKW 也可以变为"周期性"。从这个角度来说，PKW 到底是"周期性"还是"非周期性"完全取决于主机是定时还是不定时地给从机发送请求。

在后面的实验中，我们需要通过主机(PLC)来对从机(变频器)进行启动、停止、调速等控制，并对从机的状态、输出频率、输出电流等进行监视，这些都是需要实时刷新的，所以都使用 PZD。

2. GSD 文件

GSD 文件是一个电子设备的数据文件，它是由从机的生产厂家按照西门子公司的统一格式编写的。在组态过程中，我们需要把从机的 GSD 文件导入到主机的组态软件中，从而使组态软件识别自己将要连接的从机的特征，如生产厂家的名称、支持的数据格式和服务类型、I/O 点数、波特率等。

GSD 文件一般包括三个部分：

(1) 总规范。它包含生产厂家的名称、设备名称、硬件版本、软件版本、波特率等。

(2) 和 DP 主站相关的规范。它包含允许的从站个数、上传下载能力等。

(3) 和 DP 从站相关的规范。它包含输入、输出通道个数，类型、诊断等。

以下是 ATV71 变频器的 GSD 文件抬头的一小部分：

```
;=================================================
; GSD File for    TELEMECANIQUE - ATV71
;        Groupe SCHNEIDER
; Copyright (C) SCHNEIDER 2004
;
; Date    : 25/12/2004
; File   : Tele0956.gsd
;=================================================
;
;
#Profibus_DP
```

```
; Unit-Definition-List:
GSD_Revision            = 3
;
Vendor_Name             = "Telemecanique"
Model_Name              = "ATV71-Profibus-DP"
Revision                = "V1.0"
Ident_Number            = 0x0956
Protocol_Ident          = 0
Station_Type            = 0
FMS_supp                = 0
Hardware_Release        = "V1.0"
Software_Release        = "V1.1"
;
9.6_supp                = 1
19.2_supp               = 1
93.75_supp              = 1
45.45_supp              = 1
187.5_supp              = 1
500_supp                = 1
1.5M_supp               = 1
3M_supp                 = 1
6M_supp                 = 1
12M_supp                = 1
;
```

从中我们可以看到，从站的名称"ATV71-Profibus-DP"，生产厂家的名称"Telemecanique"即施耐德，版本号 V1.0，以及它可以支持从 9.6 kb/s～12 Mb/s 的速度。

将从站的 GSD 文件导入到组态软件中后，就可以把从站添加至对应的总线或网络。通常从站的一些信息是可以编辑和修改的，如 PZD 对应的从站输入和输出通道的寄存器地址、点对点访问的信息等。当然，这些信息也可以通过直接修改 GSD 文件来实现，但是如果没有彻底熟悉 GSD 文件的编写标准及从站的详细信息，不建议主动修改 GSD 文件，错误的 GSD 文件会使组态软件报错或影响正常通信。

随着控制设备功能的强大和细化，现在 GSD 在很多领域已经不能完整地描述设备的参数和功能，这种情况下就需要使用新的 EDD 或 FDT/DTM。EDD 和 GSD 类似，也是一种设备描述语言，只是它包含的信息更丰富，比较适合中、低复杂程度的应用。FDT/DTM 则不同，它们不仅仅是设备描述语言，还是系统的设备描述方法。FDT/DTM 可以提供设备的组态，所有参数的设置、诊断、测试，但 FDT 提供了一个标准的接口框架，而 DTM 则更像是一个驱动程序或者专门的配置插件，为对应的设备提供专门的配置界面。我们后续的实验过程中可以看到施耐德的 ATV71 及御程系列变频器的 DTM 配置界面，它的功能非常强大，几乎和 SoMove 软件中变频器的配置界面相差无几。

5.2　西门子 S7-300 PLC 与施耐德 ATV930 变频器的 Profibus DP 通信

5.2.1　硬件连接

本实验需要使用的硬件如表 5-6 所示。

表 5-6　硬 件 列 表

名称	型号	注　释
PLC	西门子 S7-300	CPU 型号为 314C-2 DP 6ES7 314-6CG03-0AB0
变频器	ATV930U07M3	加 Profibus DP 通信卡 VW3A3607
配置电缆	USB-MPI 电缆	
通信电缆	DP 通信电缆	DP 电缆加两个 DP 连接头

CPU 314C-2 DP 自带一个 MPI 接口(标号 X1)和一个 DP 接口(标号 X2)，MPI 接口可用 USB-MPI 电缆和 PC 直连，用于 PLC 的组态等；DP 接口可用于连接变频器的 Profibus DP 通信卡，如图 5-2 所示。

ATV930 变频器则需要打开前盖板，将 Profibus DP 通信卡 VW3A3607 插入到通信卡插槽中，如图 5-3 所示。

图 5-2　S7-300 CPU　　　　　　　图 5-3　ATV930 及通信卡

Profibus DP 通信卡 VW3A3607 的引脚定义前面已有介绍，这里不再赘述。

在 Profibus DP 通信实验中，我们需要将 PC 和 PLC 用 USB-MPI 电缆连接起来，PC 端使用 USB 接口，PLC 使用 MPI 接口；PLC 和变频器用 DP 通信电缆连接起来，DP 接头分别插在对应的 DP 接口即可。需要注意的是，由于 PLC 和变频器是一对一的通信，即 PLC 和变频器分别位于通信总线的终端，两个 DP 接头都要按进线接入，而且要把终端电阻拨到 ON 的位置。

5.2.2　变频器配置

本实验需要使用 Profibus DP 通信对变频器进行控制和监视，变频器的设置主要在于控制、给定通道的设置及通信配置上。

在 SoMove 配置页面中，选择"参数列表"标签再点击"命令和参考"，将"参考频率通道 1"修改为"通信模块频率给定"，"控制模式配置"修改为"隔离通道模式"，"命令通道 1 分配"修改为"外部通信模块"即可，如图 5-4 所示。

图 5-4　控制通道设置界面

通信的设置则比较简单，只需要点击"插槽 A-Profibus DPV1"，将"变频器地址"修改为 3 即可，其他通信相关的配置在变频器和 Profibus DP 主站连接之后便会自适应配置，即以主站组态时的 Profibus DP 总线特性为准，无需配置，如图 5-5 所示。

图 5-5　通信设置界面

参数设置完毕后，将参数刷新至变频器，并将变频器断电再重新送电，以使通信参数
生效。

5.2.3　Profibus DP 通信实验

　　在连接之前右键点击"我的电脑"，选择"属性"再选择"设备管理器"，检查 USB-MPI
通信电缆是否正常连接及驱动是否正常安装，如图 5-6 所示。

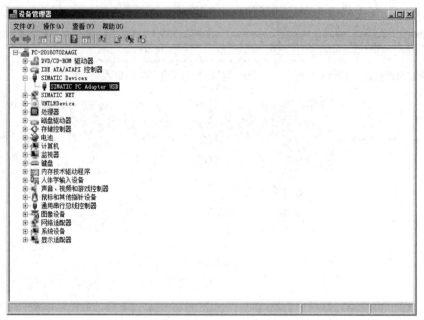

图 5-6　设备管理器检查界面

　　打开控制面板，在"设置 PG/PC 接口"中将"应用程序访问点"选择为"S7ONLINE(STEP
7)→PC Adapter.MPI.1"，"为使用的接口分配参数"中选择"PC Adapter.MPI.1"即可，
如图 5-7 所示。

图 5-7　PG/PC 接口设置界面

　　打开博图软件，点击"创建新项目"，新建名为"ATV930_Probus DP"的项目，点击

"创建",如图 5-8 所示。

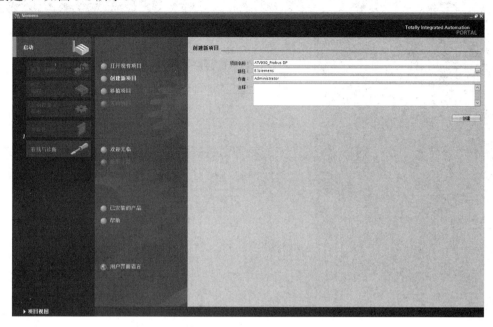

图 5-8　新建项目界面

在弹出的窗口中点击"组态设备",如图 5-9 所示。

图 5-9　设备组态界面

在弹出的窗口中点击"添加新设备",在设备列表中找到我们的 CPU 即"6ES7 314-6CG03-0AB0",设备名称使用默认的"PLC_1",再点击"添加",如图 5-10 所示。

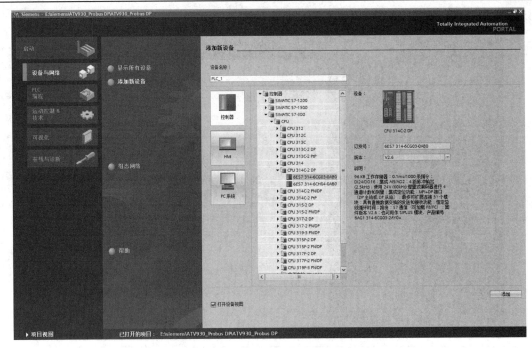

图 5-10　添加 CPU 界面

　　我们需要连接的是施耐德 ATV930 变频器，西门子的博图软件的硬件目录中并没有这个产品的信息，需要手动添加 ATV930 的 GSD 文件。点击菜单"选项"中的"管理通用站描述文件(GSD)"，如图 5-11 所示。

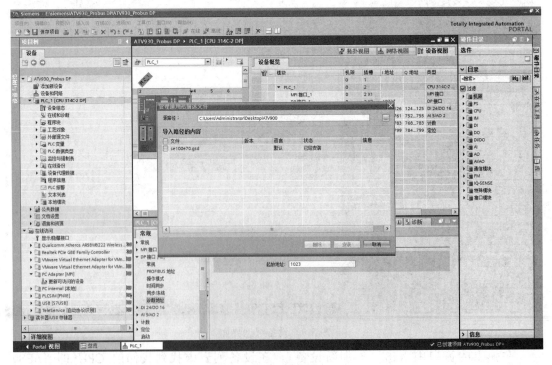

图 5-11　添加 GSD 文件界面

在"源路径"中点选 GSD 文件夹的位置并确认，可以看到文件夹中的 GSD 文件已经被识别，选中 GSD 文件，点击"安装"，如图 5-12 所示。

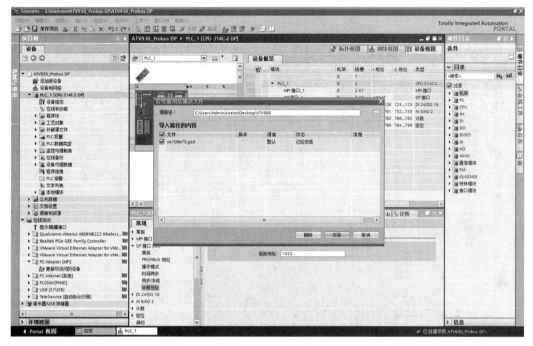

图 5-12　安装 GSD 文件界面

安装完毕后，点击"网络视图"标签，再在右侧"硬件目录"的搜索框中搜索"ATV9x0"，可以看到 GSD 文件已经成功安装，"ATV9x0"已出现在硬件目录中，如图 5-13 所示。

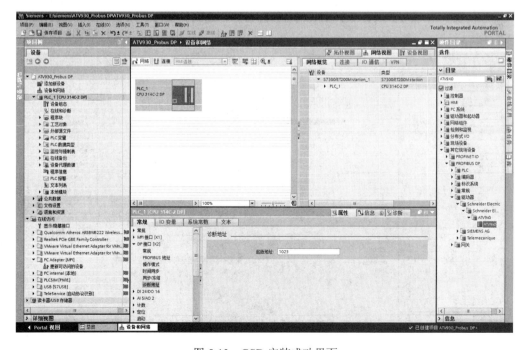

图 5-13　GSD 安装成功界面

将"ATV9x0"拖放到"网络视图"中，并将 CPU 的 DP 端口和 ATV9x0 的 DP 端口连接起来，使 ATV9x0 接入 CPU 的 DP 网络。正确接入之后，ATV9x0 的主站名称会变为 CPU 的名称"PLC_1"，如图 5-14 所示。

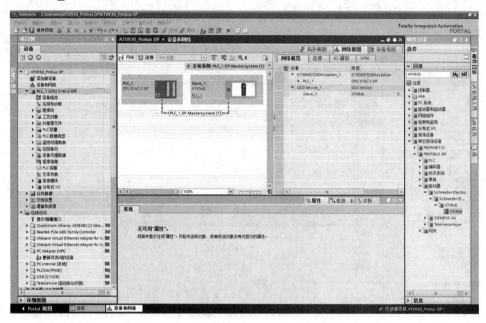

图 5-14　组态添加 ATV930 的界面

　　点击 DP 总线，在"属性"标签的"常规"设置中找到"网络设置"，将传输率调到最大的"12Mbps"，如图 5-15 所示。

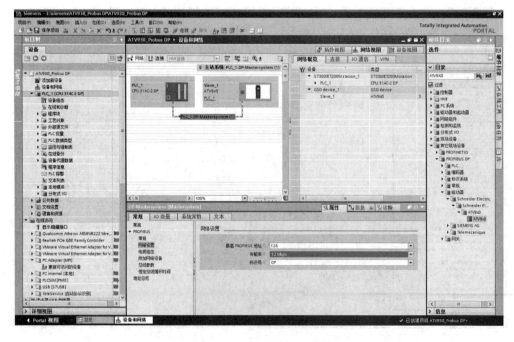

图 5-15　传输率调整的界面

双击"网络视图"中的"ATV9x0"，打开变频器的"设备概览"，将"硬件目录"中的"Telegram 100(4PKW/2PZD)"拖放到 ATV9x0 的插槽中，如图 5-16 所示。

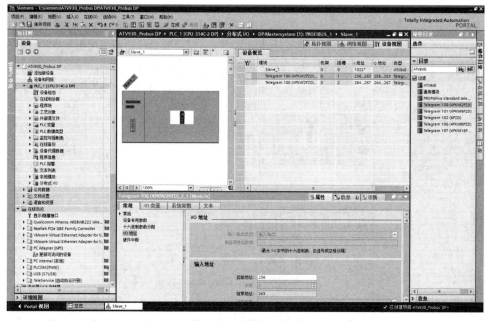

图 5-16　添加报文界面

在"设备概览"中可以看到博图软件已经自动给 PLC 的 PKW 和 PZD 分配了地址，其中插槽 1 内为 PKW，插槽 2 内为 PZD。但是，自动分配的地址过大，CPU 不能识别，我们需要手动修改。分别点击插槽 1 和插槽 2，在"属性"标签的"I/O 地址"中将插槽 1 和插槽 2 的"输入地址"和"输出地址"的"起始地址"分别修改为 30 和 38，如图 5-17 所示。

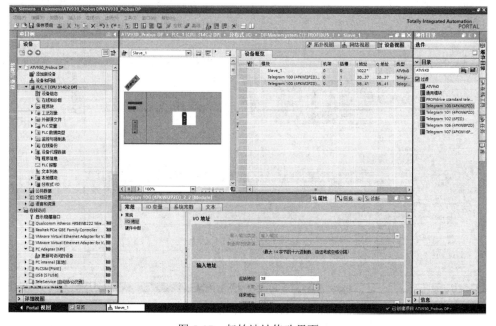

图 5-17　起始地址修改界面

点击 ATV9x0 的插槽 1，在"属性"标签的"设备专用参数"中可以看到和变频器寄存器的映射地址分别为 8501、8602、3201、8604，即控制字、转速给定、状态字、输出转速。这些寄存器可以满足我们的控制和监视需求，我们不做修改，如图 5-18 所示。

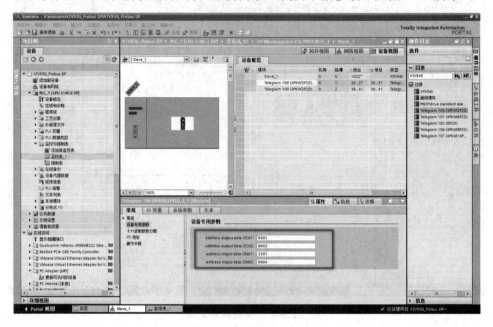

图 5-18　映射配置界面

　　点击"ATV9x0"，将"属性"标签中"PROFIBUS 地址"内的"地址"修改为 3，和变频器的 Profibus DP 地址一致，如图 5-19 所示。

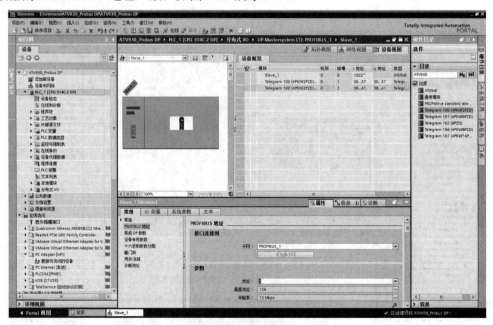

图 5-19　Profibus DP 地址修改界面

双击"项目树"中的"监控与强制表"展开菜单，再双击"添加新监控表"添加一个名为"监控表_1"的监控表。需要注意的是，在组态界面中显示的地址是以字节为单位的，所以是 38～41，但是我们控制和监视是以字为单位的，所以是 38 和 40，即 38 和 39 为一个字，40 和 41 为一个字。添加我们需要控制和监视的地址"%IW38"、"%IW40"、"%QW38"、"%QW40"，如图 5-20 所示。

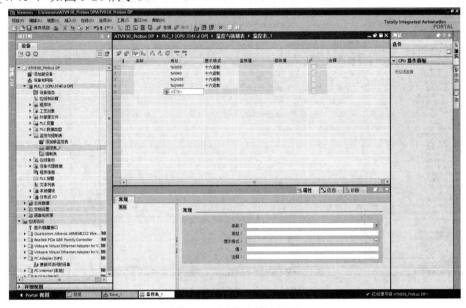

图 5-20　新建监控表界面

点击"编译"图标 ，编译完成后点击"下载到设备"图标 ，在弹出的对话框中"PG/PC 接口的类型"选择 MPI，"PG/PC 接口"选择 PC Adapter，点击"开始搜索"。如果 USB-MPI 电缆和 PC 及 CPU 连接正常的话，就可以搜索到 CPU，如图 5-21 所示。

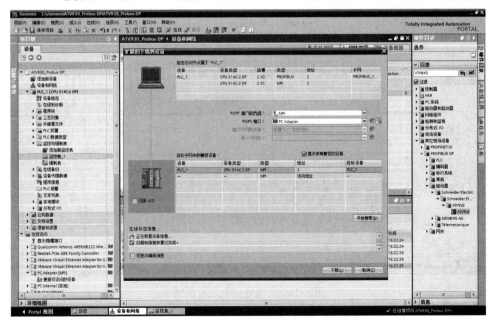

图 5-21　搜索 CPU 界面

点击"下载"弹出下载对话框，设备状态一切正常的话再点击"下载"将配置下载到 PLC 中，如图 5-22 所示。

图 5-22 下载配置界面

下载完成后，勾选"全部启动"再点击"完成"，使 PLC 在下载完成后开始运行，如图 5-23 所示。

图 5-23 下载完成后运行界面

打开"监控表_1"，点击"在线"图标 在线，再点击"全部监视"图标 ，监控表中%IW38 为状态字，%IW40 为输出转速，%QW38 为控制字，%QW40 为转速给定，可以看到状态字的值已经刷新上来了，如图 5-24 所示。

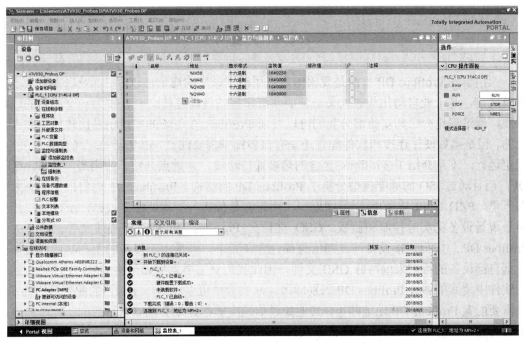

图 5-24　在线监视界面

在"修改值"一栏中，给%QW40 赋值十进制 1500，给%QW38 分别赋值 6、7、F，变频器即可进入运行状态，%IW40 也可以显示输出十进制转速值。需要注意的是，每次赋值都要点击"立即一次性修改所有选定值" 来刷新数据，如图 5-25 所示。

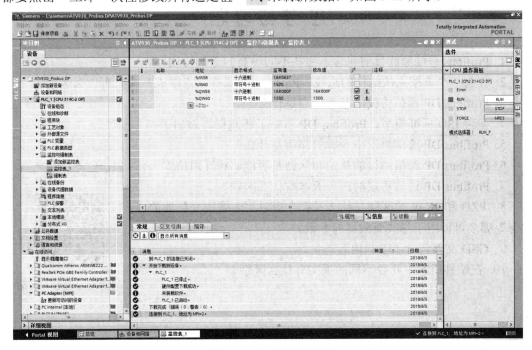

图 5-25　启/停控制界面

至此，西门子 S7-300 PLC 与施耐德 ATV930 变频器的 ProfibusDP 通信成功。

小　结

西门子的 Profibus DP 目前是我国国内应用范围最广的通信协议，在工业以太网大范围普及之前，是工业自动化从业人员必须要熟练掌握的现场总线之一。作为一个成熟的现场总线，通过理论介绍和实验部分我们可以发现 Profibus 在现场的实现还是比较简单和人性化的，但是诸如硬件连接和软件配置还是有很多细节需要注意，以免影响现场设备的安全、稳定运行。本章介绍了 Profibus 包含的诸多通信协议，并重点介绍了应用最广的 Profibus DP，而且通过 ISO 的标准模型分析了 Profibus DP 的结构。Profibus DP 通信报文的有效数据区里，PZD 比 PKW 的应用范围更广，因为它是传递的"周期性"数据，所以被广泛应用于现场设备的实时控制和监视。GSD 文件是 Profibus DP 的关键描述文件，所有关于 Profibus DP 总线上连接设备的详细信息都包含在其中，但是由于设备的生产制造商会提前根据自己设备的特点来编写好 GSD 文件，因此我们只需要掌握如何将 GSD 文件导入到组态软件中使其能够被 Profibus DP 识别即可。从实验中可以看到，变频器的配置较为简单，只需要配置 Profibus DP 地址即可，其他如通信速度等都是靠变频器自适应的；PLC 的组态也较为人性化，将对应的设备添加至 Profibus DP 总线并做相应的配置即可。但在实际应用中有很多细节是需要注意的，否则不能正常的连接，如 Profibus DP 连接头在总线的一头一尾都需要从进线口接线而且要拨上终端电阻，Profibus DP 电缆的屏蔽层要在 Profibus DP 连接头内可靠接地，博图软件中显示的是字节而不是字，等等。

思考与习题

1. Profibus 总线家族目前包含了哪些不同种类的通信协议？

2. 作为一个典型主从结构的总线，Profibus 由哪些站点组成？它们有什么区别？

3. Profibus DP 通信协议的基本特点是什么？

4. 参考 ISO 标准模型，Profibus DP 省略了哪几层，添加了哪一层？

5. Profibus DP 通信协议中令牌的作用是什么？

6. Profibus DP 通信协议的从站和从站是否能够相互通信？为什么？

7. Profibus DP 通信协议的三个版本有什么区别？

8. PZD 和 PKW 的区别是什么？哪个可以用于监视变频器的状态？哪个可以用于修改变频器的参数？

9. GSD 文件包含了哪些内容？

10. 在硬件组态中几种不同的报文有什么区别？

思考与习题参考答案

第6章 工业以太网

知识目标

(1) 了解目前已有的各种工业以太网。

(2) 理解工业以太网的结构。

(3) 理解 Modbus TCP/IP 的结构、报文和常见参数。

能力目标

(1) 掌握三种不同的工业以太网通信的建立方法。

(2) 掌握每种工业以太网通信中不同的通信方式。

(3) 理解 I/O Scanner 的使用。

6.1 工业以太网概述

得益于以太网在商业计算机上的广泛成功应用，无论是开发人员、设计人员还是操作人员对以太网都有普遍的认知。对于制造商来说，在已有的商业以太网的基础上添加工业以太网就会变得更加容易。工业以太网能够提供设备级和控制级上的网络连接，使得设备间的互联和控制变得更加简单。

目前，各大公司都在加大推广自己的工业以太网，几乎所有的电气公司都在它们的新产品中内置了以太网通信的方式，施耐德电气的 Modbus TCP/IP、西门子的 Profinet、罗克韦尔的 Ethernet IP 都想成为工业以太网这一"未来的通信方式"的领头羊。在现有的现场总线中，工业以太网也许是最热门的一种。

6.1.1 工业以太网简介

商业以太网主要应用于办公和娱乐上的信息交换，相对来说使用环境比较干净、稳定，对数据交换的速度要求较高而且数据的类型非常多样化，主要应对的是各个终端用户的实时需求。商业以太网和 OSI 模型的对应关系如表 6-1 所示。

商业以太网的物理层和数据链路层采用的是 IEEE 802.3 的规范，物理连接分成两个类别：基带与宽带。工业以太网中采用的是基带类技

表 6-1 商业以太网和 OSI 模型的对应关系

应用层	应用协议
表示层	
会话层	
传输层	TCP/UDP
网络层	IP
数据链路层	以太网 MAC
物理层	以太网物理层

术，它的传输速度有 10 Mb/s、100 Mb/s、1000 Mb/s 等，采用 RJ45 连接器最多可连接 4 对双绞线。网络层和传输层采用的是 TCP/IP 协议组，应用层则牵涉到诸如 HTTP 超文本链接、DNS 域名服务、FTP 文件传输协议等耳熟能详的应用协议。

应用于工业现场的工业以太网则需要满足不同的需求：工业现场对数据交换的需求主要体现在对设备的控制和监视上，数据类型较少，但是要求能够长期稳定地运行。工业现场环境恶劣，各种干扰无处不在，对网络的抗干扰能力要求更高。基于控制工艺的不同，工业现场对实时性的要求也比较高，主要是在各种故障状态出现时能够做出快速的响应，避免故障的扩大并及时采取补救措施。所以，直接将商业以太网应用于工业现场是不合适的，各个工业以太网虽然都是以商业以太网为基础，但都根据工业现场的实际需求做出了相应的延伸。

相较于成熟的商业以太网，工业以太网其实到目前为止还没有严格的定义。由于涉及各个公司甚至各个国家的利益，工业以太网暂时处于一个百花齐放的时代，各个不同的工业以太网之间甚至连基本的结构都有很大的区别。但总体来说，各个公司的工业以太网都还是以以太网为基础，只是在报文格式、通信方式、整体架构上有所区别。例如，Modbus TCP/IP 是基于 Modbus，Profinet 是基于 Profibus，但是它们的通信介质、寻址方式、地址分配等都是基于以太网的。

Modbus TCP/IP 由施耐德电气公司于 1999 年发布，和 Modbus 一样它也是公开的、透明的，除了基于以太网做了传输方式和通信速度等修改，其他如功能码、数据帧等还是延续了 Modbus 的特点。Modbus TCP/IP 是我国的现行标准，后面我们将以它为例来介绍工业以太网。

6.1.2　Modbus TCP/IP 通信协议

1. Modbus TCP/IP 概述

Modbus TCP/IP 通信协议整体结构如表 6-2 所示。

表 6-2　Modbus TCP/IP 通信协议结构

网络管理	全局数据	时间同步	故障设备更换(FDR)		网页服务	邮件管理	TCP开放	安全以太网	Modbus TCP 消息	I/O扫描器
SNMP	RTPS	NTP	DHCP	TFTP	FTP	HTTP	SMTP			Modbus
UDP				TCP						
IP										
Ethernet II 和 802.3 层										

其结构内容中很多都是属于 TCP/IP 协议组的部分：地址解析协议 ARP、硬件接口、反向地址解析协议 RARP 属于链路层；网际控制报文协议 ICMP、IP，网际组管理协议 IGMP 属于网络层；传输控制协议 TCP、用户数据报协议 UDP 属于传输层；简单邮件传输协议 SMTP、域名服务 DNS、简单网络管理协议 SNMP、简单网络定时协议 SNTP、超文本传输协议 HTTP 属于应用层。

传输控制协议 TCP 是一个可靠的、面向连接的端到端协议，它通过创建连接，在发送者和接收者之间建立了一条"虚电路"。TCP 在即将有数据到来时通知接收者开始一次传输，再通过连接的中断来结束连接，从而使接收者知道这是一次完整的传输过程。

用户数据报协议 UDP 是一个没有连接的端到端协议，它为来自上层的数据增加了端口地址、校验、长度信息等。UDP 仅仅提供端到端传输过程中必需的功能，并不提供任何顺序或者重新排序。所以，当发生一个错误的时候，它并不能指出是哪里损坏了。

TCP 负责可靠的传输，可靠性是通过提供差错检测和重传被破坏的帧来实现，只有传输被确认，"虚电路"才会被放弃。UDP 把一次传输的多个数据报看作是完全独立的，对目标而言，每个数据报的到来也是一个独立的事件，是接收者无法预判的。这两种传输层协议相比较而言，TCP 建立连接、确认的过程都需要花费时间，通过牺牲时间来换取通信的可靠性；UDP 则由于没有连接的过程、帧短，比 TCP 更快，但可靠性较差。

Modbus TCP 消息则包含了例如 Modbus 服务器和客户机之间的请求、指示、证实、响应等消息，请求是指客户机在网络上发送用来启动事务处理的报文，指示是指服务器接收的请求报文，证实是指客户端接收的响应信息，响应是指服务器发送的响应信息。

I/O 扫描器则应用于服务器和客户机之间的数据映射。

在通信结构上，Modbus TCP/IP 的通信系统可以包含很多不同类型的设备：连接至 Modbus TCP/IP 的服务器和客户机设备，互联设备如网桥、路由器、网关等。

2. Modbus TCP/IP 报文

在前面的章节我们了解到，Modbus 协议定义了一个和基础通信层无关的简单协议数据单元 PDU，它包含了功能码和数据。Modbus TCP/IP 的请求/响应应用数据单元 ADU 则在 PDU 的前面加上了一个 MBAP 报文头，如图 6-1 所示。

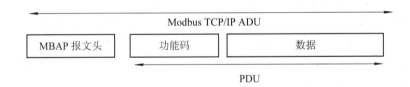

图 6-1　ADU 结构

MBAP 报文头又叫 Modbus 协议报文头，它是在 TCP/IP 上使用的专用于识别 Modbus 应用数据单元的报文头。它包含的内容如表 6-3 所示。

表 6-3　MBAP 报文头内容

域	长度	描　述	客户机	服务器
事务元标识符	2 个字节	Modbus 请求/响应事务处理的识别码	客户机启动	服务器从接收的请求中重新复制
协议标识符	2 个字节	0 = Modbus 协议	客户机启动	服务器从接收的请求中重新复制
长度	2 个字节	以下字节的数量	客户机启动(请求)	服务器(响应)启动
单元标识符	1 个字节	串行链路或其他总线上连接的远程从站的识别码	客户机启动	服务器从接收的请求中重新复制

3. Modbus TCP/IP 设备参数

后面实验中，我们采用的通信的子站是施耐德 ATV930 和 ATV340，参数的介绍我们也将以这两类设备为例。需要注意的是，参数本身的特性在其他以太网设备上具有通用性，但参数之间的关联性不一定适用于所有的以太网设备。

1) ATV930 和 ATV340 设备参数

(1) MAC 地址。

MAC(Medium/Media Access Control)地址是用来表示互联网上每一个站点的标识符，采用十六进制数表示，共 6 个字节(48 位)。其中，前 3 个字节是由 IEEE 的注册管理机构 RA 负责给不同厂家分配的代码(高位 24 位)，也称为"编制上唯一的标识符"(Organizationally Unique Identifier)，后 3 个字节(低位 24 位)由各厂家自行指派给生产的适配器接口，称为扩展标识符(唯一性)。MAC 地址实际上就是适配器地址或适配器标识符 EUI-48，全球所有的以太网设备都具有自己唯一的 MAC 地址，它在设备出厂时就已经被指定，并不可被更改。

(2) IP 地址及分配模式。

IP 地址用于在互联网上表示源地址和目标地址的一种逻辑编号，它由网络号和主机号构成。如果局域网不与 Internet 连接，可以自定义 IP 地址；如果局域网需要与 Internet 连接，则需要向相关部门申请来获得唯一的 IP 地址。IP 地址是一个 32 位的二进制字符串，以 8 位为一个字节，每个字节分别用十进制表示，取值范围为 0～255，用点分隔，如 192.168.1.9。

每个 IP 地址都由网络标识号和主机标识号组成，不同类型的 IP 地址中它们的长度各不相同，所以它们允许的网络数目和主机数目都是有很大区别的。

A 类地址首位为 0，网络标识号占 7 位(最多 2^7 个网络)，主机标识号占 24 位(最多 2^{24} 个主机)，所以 A 类地址范围为 0.0.0.0 至 127.255.255.255；

B 类地址首 2 位为 10，网络标识号占 14 位(最多 2^{14} 个网络)，主机标识号占 16 位(最多 2^{16} 个主机)，所以 B 类地址范围为 128.0.0.0 至 191.255.255.255；

C 类地址首 3 位为 110，网络标识号占 21 位(最多 2^{21} 个网络)，主机标识号占 8 位(最多 2^8 个主机)，所以 C 类地址范围为 192.0.0.0 至 223.255.255.255。

施耐德的 Modbus TCP/IP 设备的 IP 分配通常有三种方式：固定模式、BOOTP 模式和 DHCP 模式。固定模式又称手动模式，就是人为手动地输入一个固定的 IP 地址；BOOTP 模式是在 MAC 地址和 IP 地址之间对应，包含 6 位十六进制数的以太网设备的 MAC 地址(MM-MM-MM-XX-XX-XX)，而且必须输入到 BOOTP 服务器中，再由 BOOTP 服务器来给以太网设备分配 IP 地址；DHCP 模式是在设备名称和 IP 地址及 FDR 配置文件路径之间对应，设备名称在 DHCP 服务器和设备上都要输入，再由 DHCP 服务器来给以太网设备分配 IP 地址。

在上电之后，施耐德的 Modbus TCP/IP 设备会按照以下顺序来检测设备的 IP 地址：如果有输入固定的 IP 地址，则使用固定模式；如果没有输入固定的 IP 地址，则检测 FDR 是否被配置，如果 FDR 没有被配置或 FDR 被配置但没有设置设备名称则使用 BOOTP 模式；如果没有输入固定的 IP 地址，而 FDR 被配置，而且设备名称已经被输入，则使用 DHCP 模式。

(3) 子网掩码。

A 类地址或 B 类地址的单位可以把它们的网络划分成几个部分，成为子网。子网掩码则用于判别某一个 IP 地址属于哪个子网；它也是一个 32 位的数字，把 IP 地址中的网络地址域和子网域都写成 1，把 IP 地址中的主机地址域都写成 0，便形成该子网的子网掩码。

如果一个网络没有划分子网，则将网络号各位全写为 1，主机号的各位全写为 0，这样得到的掩码称为默认子网掩码。A 类网络的默认子网掩码为 255.0.0.0；B 类网络的默认子网掩码为 255.255.0.0；C 类网络的默认子网掩码为 255.255.255.0。

(4) 网关。

网关是一种充当转换重任的计算机系统或设备。应用在不同的通信协议、数据格式或语言中，甚至体系结构完全不同的两种系统之间，网关就是一个翻译器。与网桥只是简单地传达信息不同，网关对收到的信息要重新打包，以适应目的系统的需求。

在如今很多局域网中采用的都是路由器接入网络，因此通常指的网关就是路由器的 IP。一台主机如果找不到可用的网关，就把数据包发给默认指定的网关，由这个网关来处理数据包，一般填写 192.168.x.1。

(5) 设备名称。

设备名称是人为给设备指定的名称，在当前的网络上必须是唯一的，被用于 DHCP 模式下识别设备并给设备分配 IP 地址。它还有一个很重要的作用就是增强可读性，无论是 MAC 地址还是 IP 地址，都是数字组成的不便于记忆，但是设备名称可以由字母、字符及数字组成，我们可以把它命名为简单易读的名称，如 ATV930_motor01、ATV340_pump99 等。

2) ATV930 和 ATV340 的以太网功能

除了以上以太网设备通用参数以外，ATV930 和 ATV340 还有一些特殊的以太网功能。

(1) FDR。

FDR 即故障设备更换(Faultly Device Replacement)，IP 地址的分配可通过网页服务器或者 SoMove 设置，基于 DHCP 模式，用于从设备名称分配 IP 地址。IP 地址的分配可设置为自动分配和动态分配：自动分配模式下，一旦 DHCP 客户端第一次成功地从 DHCP 服务器端租用到 IP 地址之后，就永远使用这个地址；动态分配模式下，当 DHCP 第一次从 HDCP 服务器端租用到 IP 地址之后，并非永久的使用该地址，只要租约到期，客户端就得释放这个 IP 地址，以给其他工作站使用。当然，客户端可以比其他主机更优先地更新租约，或是租用其他的 IP 地址。

在实际应用中，通过 FDR 功能，可以将以太网设备的配置储存在有 DHCP 和 FDR 功能的服务器上。一旦设备发生故障，可以更换同型号的设备并将其命名为相同的设备名称，通过和服务器连接后便可以把之前储存的配置下载到设备上，从而实现故障设备的快速更换。

(2) 嵌入式网页服务器。

施耐德御程系列变频器都内置了一个嵌入式网页服务器(Web Server)，在 IE 浏览器中输入以太网设备的 IP 地址，就可以打开网页服务器。在网页服务器的界面上，可以快捷地实现对变频器的设置、监视、控制(出于安全考虑，最新版本已取消控制面板功能)，如图 6-2 所示。

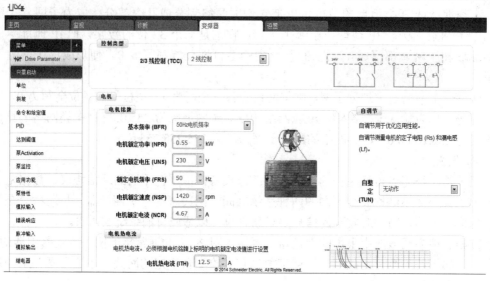

图 6-2　网页服务器界面

(3) RSTP。

RSTP 即快速测量树协议(Rapid Spanning Tree Protocol)，它被用于环网，在每一次网络拓扑发生变化时，RSTP 功能会快速地计算出最优的网络路径。RSTP 功能会管理当前网络中所有设备的端口，它能够在 50～150 ms 内为 16～32 台设备解决通信丢失的问题。通信重建的速度则取决于 PLC、使用的服务及 IP 地址模式。

以 ATV930 为例，它内置了两个以太网端口，如果把这两个端口串接在一个环网内，RSTP 会快速检测两个端口的响应速度，并选择通信速度较快的一个端口用作通信。如果这个端口出现通信故障(通信电缆损坏、端口异常等)，RSTP 功能也会迅速地选择从另外一个端口通信。

6.2　M580 PLC 与 ATV930 变频器以太网通信实验

本实验中使用的 PLC 型号为 BME H58 2040，它本身自带的以太网端口是 Modbus TCP/IP 和 Ethernet IP 都支持的；使用的变频器为 ATV930 系列，它本身自带的以太网端口也是 Modbus TCP/IP 和 Ethernet IP 都支持的。所以，我们使用 BME H58 2040 和 ATV930 通信时，两种通信协议都可以实现。

BME H58 2040 和 Modbus TCP/IP 通信协议都隶属于施耐德电气公司，所以相对而言 Modbus TCP/IP 的通信实现更为简单，而且方法更多。我们可以直接使用功能块对变频器进行读写，或者使用 DTM 浏览器将变频器添加为一个 Modbus Device，或者使用 DTM 浏览器直接将 ATV930 的 DTM 添加进去。在编程和组态过程中，我们也可以选择使用变频器的 I/O Scanner 或者直接对寄存器进行读写。

Ethernet IP 通信的实现方法就单一得多，我们只能使用 DTM 浏览器将 ATV930 的 DTM 添加进去这一种方法来实现。

本节的实验我们将介绍以上各种不同的通信方法，在现场应用时可以根据实际情况进行选择。

6.2.1 硬件连接

本实验需要使用的硬件如表 6-4 所示。

表 6-4 硬件列表

名称	型号	注释
PLC	BME H58 2040	包含机架、电源等
变频器	ATV930U07M3	
通信电缆	网络电缆	实验中使用普通网线即可，现场应用推荐使用超六类网线
编程电缆	Mini USB 接口电缆	一头为标准 USB 接口，一头为 Mini USB 接口

BME H58 2040 的正面和背面如图 6-3 所示。

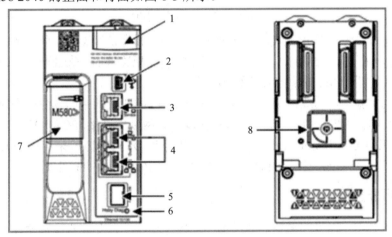

图 6-3 BME H58 2040 的正面和背面

BME H58 2040 各个部位的功能如表 6-5 所示。

表 6-5 BME H58 2040 各个部位的功能

编号	名称	注释
1	LED 诊断显示面板	
2	PC 和 PLC 连接的 Mini USB 接口	
3	RJ45 以太网连接端口	
4	RJ45 以太网双重连接端口	支持分布式设备和 RIO 子站
5	SFP 插座	用于铜芯缆线或光纤热备链路连接
6	热备状态链路 LED	
7	SD 存储卡插槽	
8	A/B/清除旋转选择开关	用于将 CPU 制定为 A 或 B(热备)，或者清除现有应用程序

ATV930 的控制模块如图 6-4 所示。

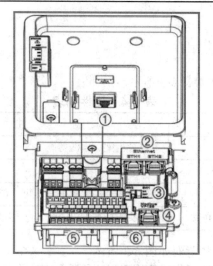

图 6-4　ATV930 的控制模块

图 6-4 中，③是控制电源类型选择拨码开关，⑤和⑥是扩展模块的插槽。需要注意的是，①、②、④都是 RJ45 端口，但是①是用于控制面板连接的，②的两个端口才是以太网通信端口，④是用于 Modbus RTU 通信的。

在我们的实验中，网线一头插入 BME H58 2040 的 3 或 4 中的任意一个端口，另一头插入 ATV930 的②中的任意一个端口，即可实现以太网硬件连接。PC 和 PLC 直接使用 Mini USB 电缆连接即可。需要注意的是，如果是使用添加 DTM 的方式来连接 PLC 和变频器，而且想在 PLC 在线修改变频器的 DTM，PC 和 PLC 必须通过网线连接。

6.2.2　变频器配置

本实验需要使用以太网通信对变频器实现控制和监视，变频器参数的设置主要在控制通道和以太网通信上。

在 SoMove 界面的"参数列表"中，选择"完整设置"中的"命令和参考"，将"参考频率通道 1"设置为"嵌入式以太网"，将"控制模式配置"设置为"组合通道模式"，如图 6-5 所示。

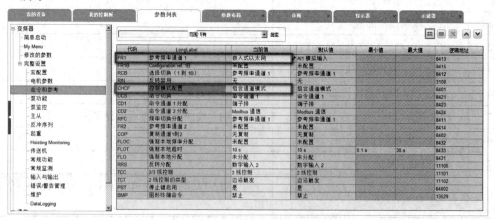

图 6-5　通道设置界面

在 SoMove 界面的"参数列表"中，选择"通信"中"端口-Modbus TCP/以太网 IP"里的"常规设置"，将"IP 分配模式"设置为"固定地址"，将"IP 地址"、"子网掩码"、"网关地址"分别设置为"192.168.1.99"、"255.255.255.0"、"192.168.1.1"，如图 6-6 所示。

图 6-6　IP 等设置界面

　　在 SoMove 界面的"协议和变频器配置文件"中，选择对应的通信协议即可，如图 6-7 所示。

图 6-7　通信协议选择界面

　　通信参数设置完毕后，需要将变频器断电后重新送电，以使通信参数有效。

6.2.3　M580 PLC 与 ATV930 变频器 Modbus TCP/IP 通信实验

　　如前文所述，M580 PLC 与 ATV930 变频器 Modbus TCP/IP 通信可以通过很多种不同的方法来实现，我们将一一介绍。首先我们要在菜单"工具"→"项目设置"→"变量"中勾选"直接以数组变量表示"、"允许动态数组(ANY_ARRAY_XXX)"、"禁用数组大小兼容性检查"并点击"确定"按钮确认，如图 6-8 所示。

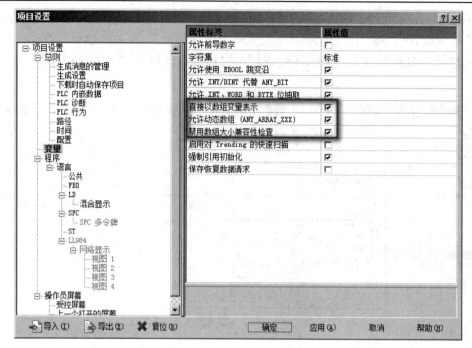

图 6-8 变量设置界面

(1) 使用 READ_VAR 和 WRITE_VAR 功能块。

新建项目，选择 CPU 型号 BME H58 2040，点击"确定"按钮，如图 6-9 所示。

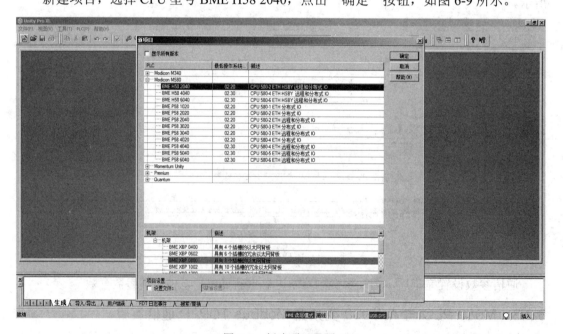

图 6-9 新建项目界面

双击"项目浏览器"中的"项目"，打开硬件组态界面，如图 6-10 所示。

双击 CPU 上的以太网端口，打开以太网端口配置界面，如图 6-11 所示。

点击"安全"标签里的"解锁安全"，解锁服务和访问控制，如图 6-12 所示。

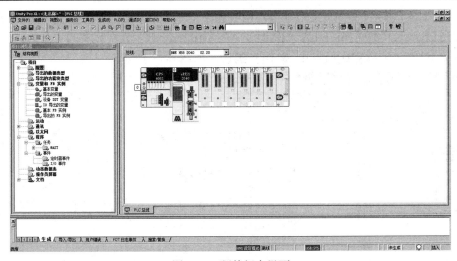

图 6-10　硬件组态界面

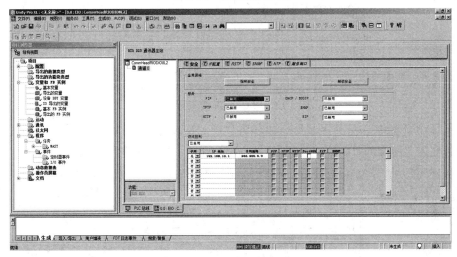

图 6-11　以太网端口配置界面

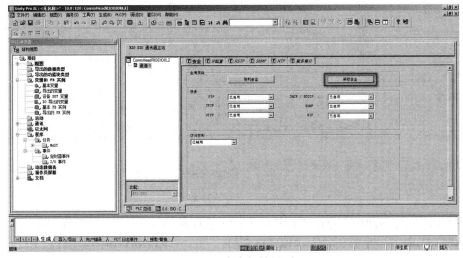

图 6-12　安全解锁界面

在"IP 配置"标签，将"IP 主地址"、"子网掩码"、"网关地址"分别设置为"192.168.1.9"、"255.255.255.0"、"192.168.1.1"，"IP 地址 A"、"IP 地址 B"分别设置为"192.168.1.11"、"192.168.1.12"，配置完成后点击 ☑ 图标确认，如图 6-13 所示。

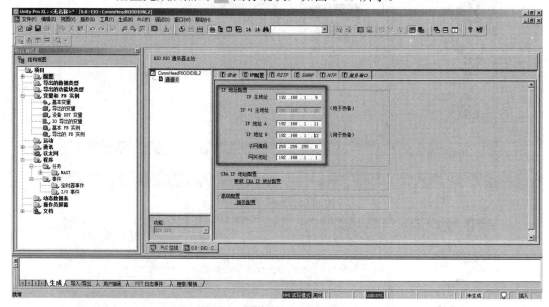

图 6-13　PLC 的 IP 等设置界面

在项目浏览器中，在"程序"→"任务"→"MAST"→"段"上点击鼠标右键，新建一个名称为"ModbusTCP"、语言为"LD"的程序，如图 6-14 所示。

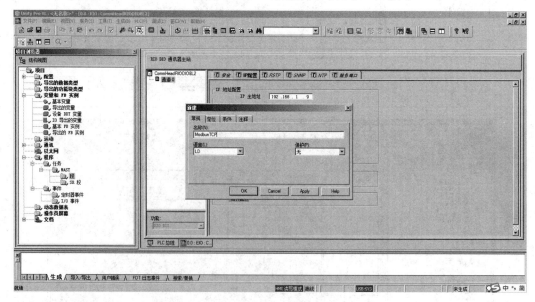

图 6-14　新建程序界面

在弹出的编程界面中，点击"FFB 输入助手"图标 ✍，在弹出的"函数输入助手"对话框的"FFB 类型"里分别输入"READ_VAR"和"WRITE_VAR"并确认，且在程序中添加对应的功能块，分别如图 6-15～图 6-18 所示。

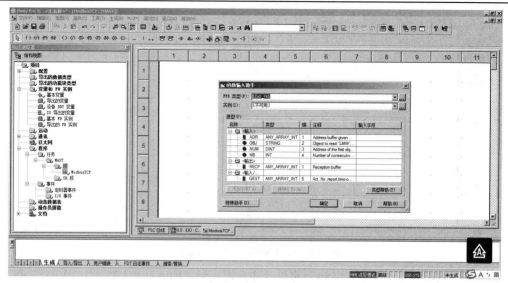

图 6-15　添加 READ_VAR 功能块的界面

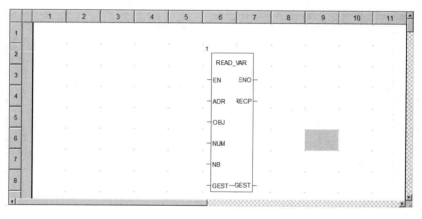

图 6-16　放置 READ_VAR 功能块

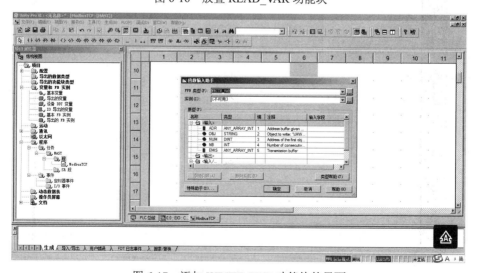

图 6-17　添加 WRITE_VAR 功能块的界面

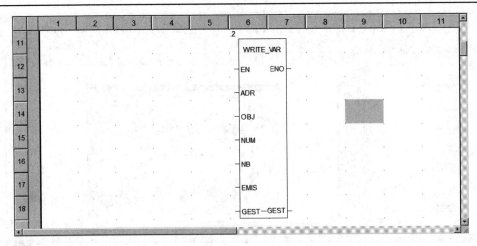

图 6-18　放置 WRITE_VAR 功能块

点击 ╬ 图标，添加一个 "%S6" 的秒脉冲，连接至 "READ_VAR" 和 "WRITE_VAR"
的 "EN" 脚，如图 6-19 所示。

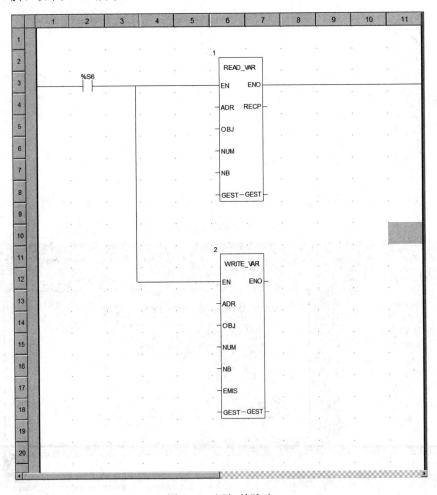

图 6-19　添加秒脉冲

输入"READ_VAR"和"WRITE_VAR"各个引脚的值，如图 6-20 所示。

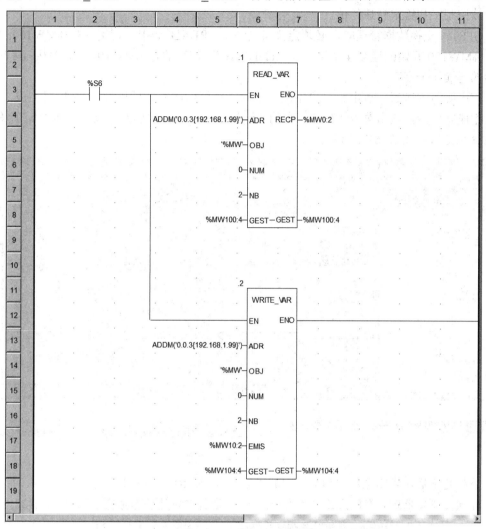

图 6-20　READ_VAR 和 WRITE_VAR 引脚赋值

ADR：读或写的子站地址。两个功能块都是输入的 ADDM('0.0.3{192.168.1.99}')，ADDM 是寻址命令，0.0.3 指定的是 M580 上自带的以太网口，192.168.1.99 是子站的 IP 地址。需要注意的是，M580 上自带的以太网口是 0.0.3，而不是按机架号+位置号+通道号的 0.0.0，这一点比较特殊。

OBJ：对象类型。两个功能块都是使用的 '%MW'。

NUM：起始地址。这里是直接对 I/O Scanner 所对应的寄存器进行读写，两个功能块都是写 0。

NB：读写数量。I/O Scanner 默认的输入寄存器有状态字和输出转速，输出寄存器有控制字和给定转速，如图 6-20 所示。数量都是两个，两个功能块都是写 0。

RECP：接收地址，只需要两个即可。读取块使用%MW0：2，即使用%MW0 和%MW1 来存放状态字和输出转速的值。

EMIS：发送地址，只需要两个即可。写入块使用%MW10：2，即使用%MW10 和%MW11
来存放控制字和给定转速的值。

　　GEST：交换数据管理取，必须定义 4 个字。"READ_VAR"使用的是%MW100：4，
即从%MW100 开始的连续 4 个字，"WRITE_VAR" 使用的是%MW104：4，即从%MW104
开始的连续 4 个字。

　　程序编写完毕后，点击菜单"生成"中的"重新生成所有项目"，于是项目生成。

　　生成完毕后，点击菜单"PLC"中的"连接"，再点击"将项目传输到 PLC"，将程序
下载到 PLC 中，如图 6-21 所示。

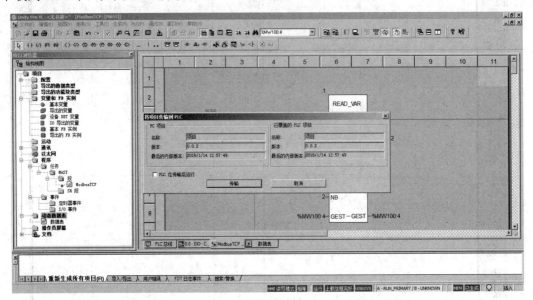

图 6-21　下载程序界面

　　下载完毕后，点击菜单"PLC"中的"运行"，开始运行 PLC 中的程序。

　　在项目浏览器中，右键点击"动态数据表"，选择"新建动态数据表"，如图 6-22 所示。

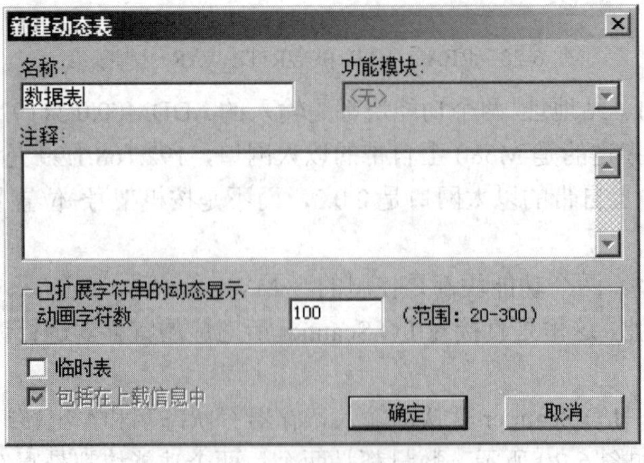

图 6-22　新建动态表界面

　　点击"确定"按钮后，打开新建的数据表，添加%MW、0%MW1、%MW10 和%MW11，
如图 6-23 所示。

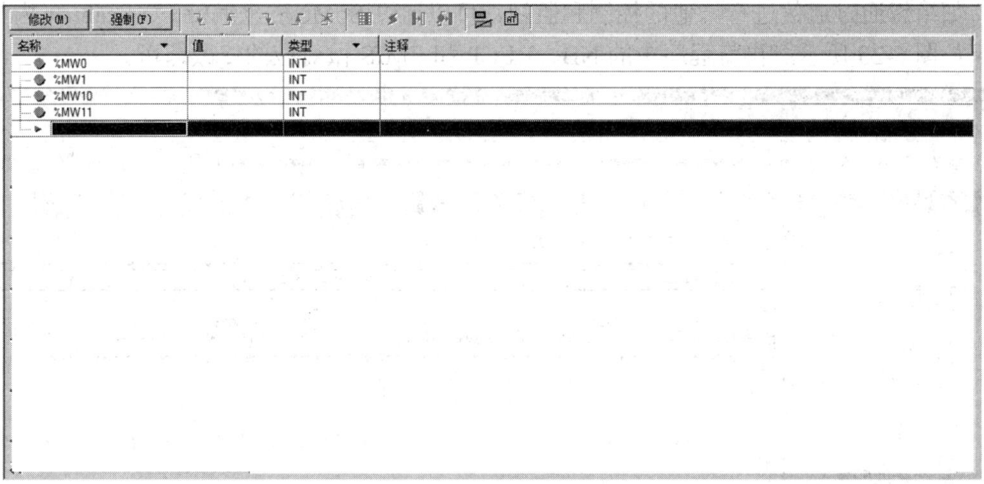
修改(M)
强制(F)
名称
值
类型
注释
%MW0
INT
%MW1
INT
%MW10
INT
%MW11
INT

图 6-23　添加变量界面

如前面所述，这 4 个变量和变频器的寄存器的对应关系如表 6-6 所示。

表 6-6　变量和变频器的寄存器的对应关系

变量	变频器寄存器
%MW0	状态字
%MW1	输出转速
%MW10	控制字
%MW11	给定转速

点击右键选择%MW0 和%MW10，将显示格式修改为十六进制。

点击“修改”按钮，将%MW11 的值修改为 1500，对应 1500 r/m 转速，然后将%MW10 的值按顺序修改为 6、7、F。可以看到，%MW0 的十六进制值的尾数依次由 50 变为 31、33、37，%MW1 的值也从 0 逐渐上升到 1500，表明变频器运行成功，如图 6-24 所示。

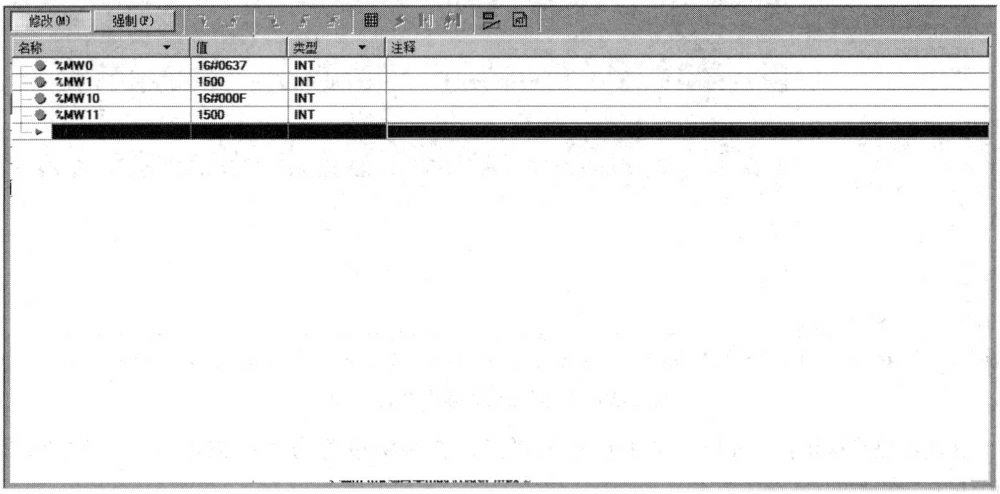
修改(M)
强制(F)
名称
值
类型
注释
%MW0
16#0637
INT
%MW1
1500
INT
%MW10
16#000F
INT
%MW11
1500
INT

图 6-24　变量监视界面

如果想通过通信进行其他的控制和监视，可以通过 SoMove 来编辑 I/O Scanner 内的地址，如图 6-25 所示；再将程序中的 NB、RECP 和 EMIS 做对应的修改即可。

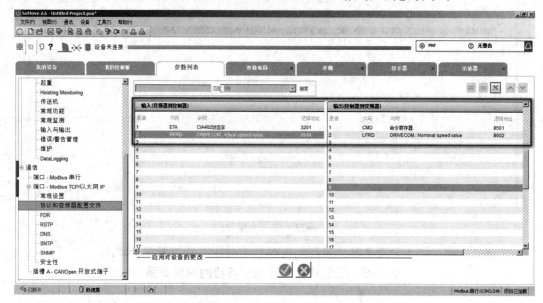

图 6-25　I/O Scanner 编辑界面

当然，在使用"READ_VAR"和"WRITE_VAR"功能块时，也可以不和变频器的 I/O Scanner 做映射，而是直接对变频器的寄存器做读和写的操作。这里需要做两个改动：

第一，变频器需要设置 Modbus 通信的格式，如图 6-26 所示。

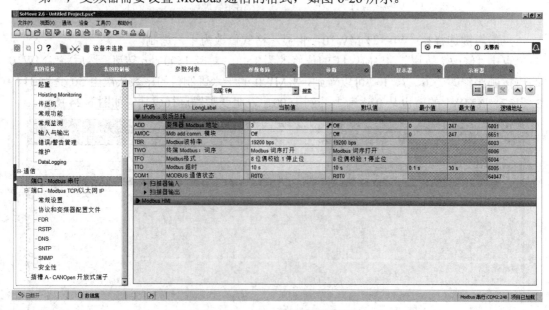

图 6-26　Modbus 通信的格式界面

这里将变频器的 Modbus 地址设置为"3"，波特率设置为"19 200 b/s"，格式设置为"8E1"。

第二，程序需要做相应的修改，如图 6-27 所示。

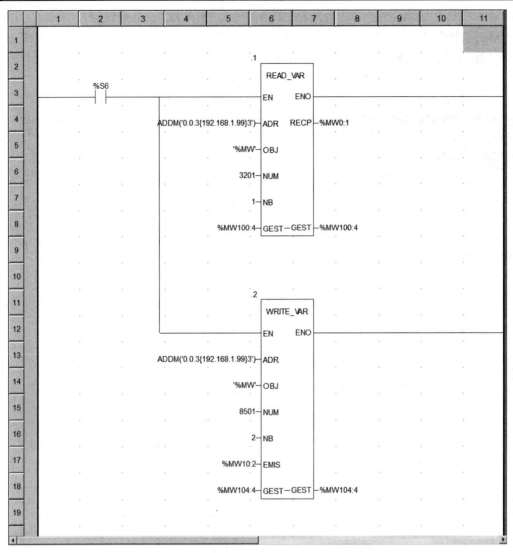

图 6-27 程序修改

ADR 需要修改为 "ADDM('0.0.3{192.168.1.99}3')", 即把变频器的 Modbus 地址添加进去。

"READ_VAR" 的 NUM 修改为 "3201", NB 修改为 "1", RECP 修改为 "%MW0: 1", 即将变频器 3201 状态字的值存放到%MW0 里。

"WRITE_VAR" 的 NUM 修改为 "8501", NB 依然为 "2", EMIS 依然为 "%MW10: 2", 即将变频器 8501 控制字、8502 频率给定的值存放到%MW10、%MW11 里。

通过数据表内数值的修改, 一样可以实现变频器的控制和监视。

(2) 使用 DTM 浏览器中的 Modbus Device。

新建项目, 选择 CPU 型号 BME H58 2040。

双击"项目浏览器"中的"项目", 打开硬件组态界面, 然后双击 CPU 上的以太网端口, 打开以太网端口配置界面, 再点击"安全"标签里的"解锁安全", 解锁服务和访问控制。在"IP 配置"标签，将"IP 主地址"、"子网掩码"、"网关地址"分别设置为"192.168.1.9"、"255.255.255.0"、"192.168.1.1"，"IP 地址 A"、"IP 地址 B"分别设置为"192.168.1.11"、"192.168.1.12"，配置完成后点击 ☑ 图标确认。

以上步骤和使用功能块时一致，这里不再赘述。

点击菜单栏"工具"，在下拉菜单中选择"DTM 浏览器"，如图 6-28 所示。

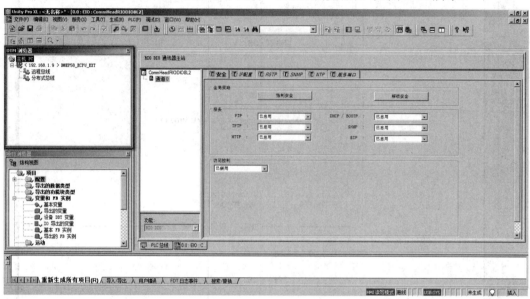

图 6-28　DTM 浏览器界面

在"DTM 浏览器"中，右键点击 CPU，即"<192.168.1.9> BMEP58_ECPU_EXT"选择"添加"，在弹出的添加对话框中选择"Modbus Device"，点击"添加 DTM"，如图 6-29 所示。

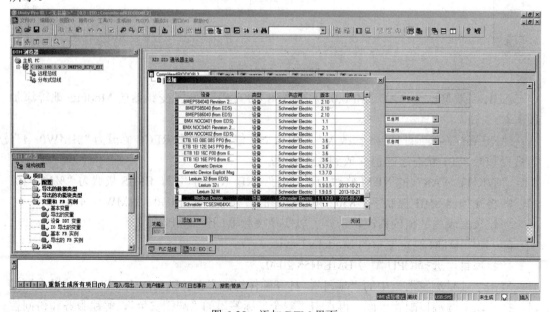

图 6-29　添加 DTM 界面

在弹出的"设备属性"对话框中，将"名称"修改为"ATV930"，点击OK按钮确认，如图6-30所示。

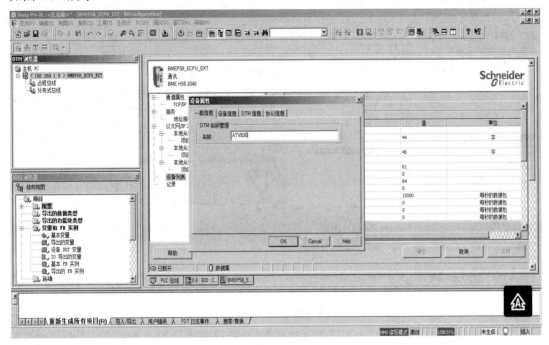

图6-30　修改名称界面

双击"DTM浏览器"中CPU即"<192.168.1.9> BMEP58_ECPU_EXT"，在CPU配置页选择"设备列表"→"[515]ATV930<MDB:192.168.1.13>"，如图6-31所示。

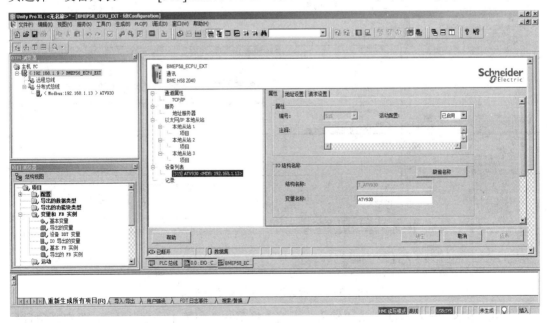

图6-31　配置ATV930属性界面

选择"地址设置"标签，将IP地址修改为变频器的IP地址即192.168.1.99，"此设备的 DHCP"选择为"已禁用",点击"应用"按钮,如图 6-32 所示。

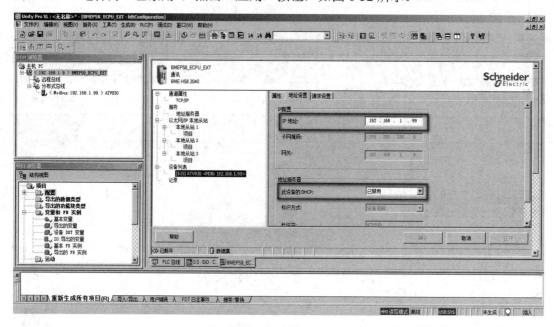

图 6-32　IP 设置界面

　　选择"请求设置"标签,点击"添加请求",然后将新添加的请求中的"读取长度"和"写入长度"都修改为"2",其他保持默认值,点击"应用"按钮,如图 6-33 所示。

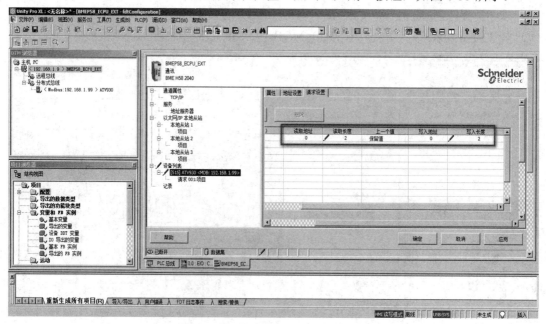

图 6-33　修改读取和写入长度的界面

　　点击"请求 001:项目",在"输入"标签选择第 0 个和第 1 个字节,点击"定义项目",在弹出的对话框中将"新项目数据类型"修改为"Word","项目名称"修改为"ETA",点击"应用"按钮,如图 6-34 所示。

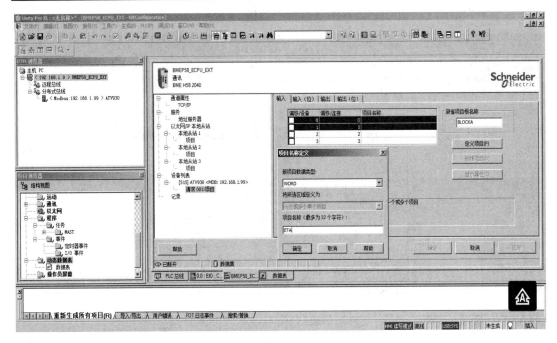

图 6-34　定义 ETA 界面

使用同样的方法，将第 2 个和第 3 个字节定义为"RFRD"，点击"应用"按钮，如图 6-35 所示。

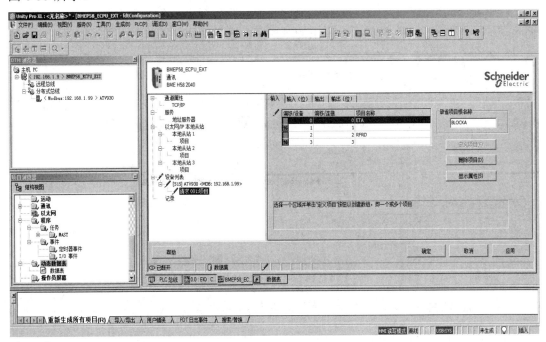

图 6-35　定义 RFRD 界面

使用同样的方法，将"输出"标签里的第 0 个和第 1 个字节定义为"CMD"，第 2 个和第 3 个字节定义为"LFRD"，点击"确定"按钮，如图 6-36 所示。

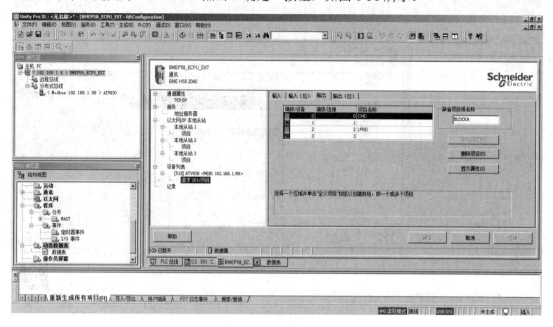

图 6-36 定义 CMD 和 LFRD 界面

通过以上操作，就可以把输入和输出的空间以 4 个字为单位映射到 ETA、RFRD、CMD 和 LFRD 这 4 个变量中，也就是我们需要使用的状态字、输出转速、控制字和给定转速。

在"项目浏览器"的"动态数据表"中新建一个数据表，在新建的数据表中不要手动输入变量，点击"选择"按钮，在弹出的对话框中选择"ATV930"，如图 6-37 所示。

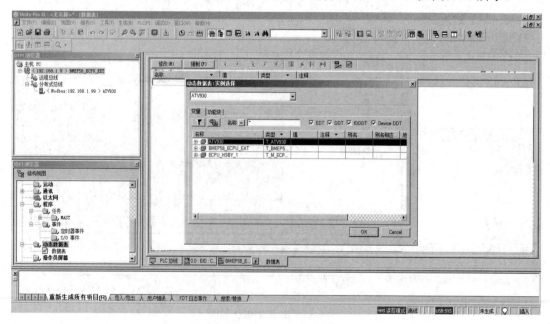

图 6-37 变量选择界面

这样，ATV930 的相关变量就直接全部添加，如图 6-38 所示。

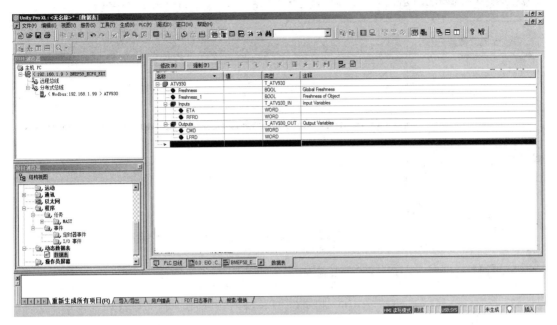

图 6-38 变量添加界面

重新生成所有项目，连接 PLC，将程序下载到 PLC 中，运行 PLC 程序后，可以发现状态字 ETA 的值已经通过通信刷新过来了，如图 6-39 所示。

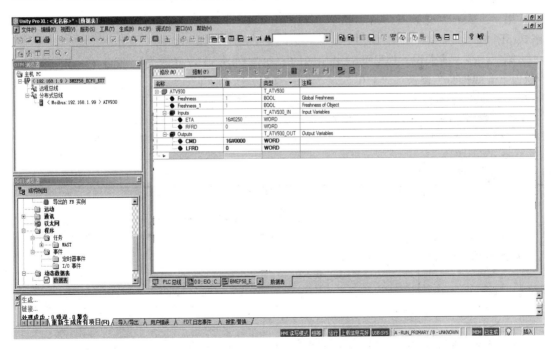

图 6-39 监视 ETA 界面

同样的操作方式，通过修改 CMD 控制字和 LFRD 给定转速的值，可以让变频器运行起来，如图 6-40 所示。

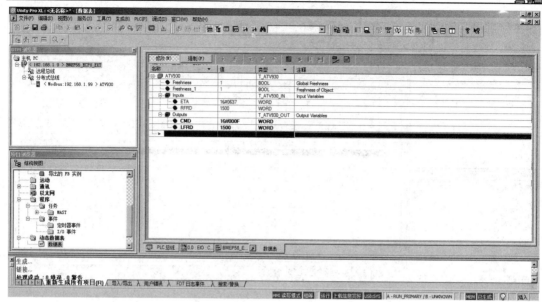

图 6-40　控制 CMD 和 LFRD 的界面

这种通信方式也是映射的变频器 I/O Scanner 里的值，如果想对其他的值做读写，可以直接修改 I/O Scanner 内输入和输出的地址及数量，并在组态时做相应的修改即可。

当然，也可以不直接映射变频器 I/O Scanner 里的值，而是对变频器内的任意寄存器进行直接的读写操作。有几个地方需要改动：

第一，要打开变频器的 Modbus，设置 Modbus 地址(3)、波特率(19 200 b/s)、Modbus 格式(8E1)等。

第二，在"请求设置"里要做出相应的改动，"单元 ID"修改为子站的 Modbus 地址即"3"，"读取地址"修改为"3201"，"读取长度"修改为"1"，"写入地址"修改为"8501"，"写入长度"修改为"2"，点击"应用"按钮，如图 6-41 所示。

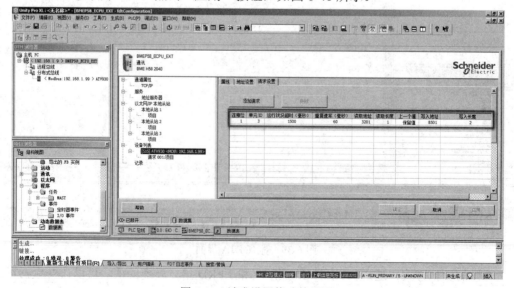

图 6-41　请求设置修改的界面

第三，在"请求 001：项目"的"输入"和"输出"标签重新定义项目 ETA、CMD 和 LFR。需要注意，现在变量的总量是 3 个，而且 LFR 是给定频率而不是给定转速。

在离线模式下点击"生成更改"，再将程序下载到 PLC 中。可以看到，虽然变量的数量发生了更改而且给定变为按频率给定，但控制和监视依然是可行的，如图 6-42 所示。

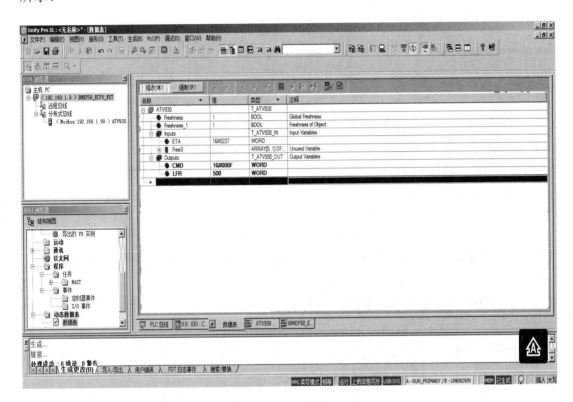

图 6-42　控制和监视界面

(3) 使用 DTM 浏览器中的 ATV930 DTM。

这种方法的实现步骤和 Ethernet IP 通信实验类似，只是在添加 ATV930 的 DTM 时选择的通信协议不同，需要选择 Modbus TCP。这里不再赘述，具体步骤可参考下　节。

6.2.4　M580 PLC 与 ATV930 变频器 Ethernet IP 通信实验

新建项目，选择 CPU 型号 BME H58 2040。

双击"项目浏览器"中的"项目"，打开硬件组态界面，然后双击 CPU 上的以太网端口，打开以太网端口配置界面，再点击"安全"标签里的"解锁安全"，解锁服务和访问控制。在"IP 配置"标签，将"IP 主地址"、"子网掩码"、"网关地址"分别设置为"192.168.1.9"、"255.255.255.0"、"192.168.1.1"，"IP 地址 A"、"IP 地址 B"分别设置为"192.168.1.11"、"192.168.1.12"，配置完成后点击图标 ☑ 确认。

以上步骤和 Modbus TCP/IP 实验中使用功能块时一致，这里不再赘述。

点击菜单栏"工具"，在下拉菜单中选择"DTM 浏览器"，如图 6-43 所示。

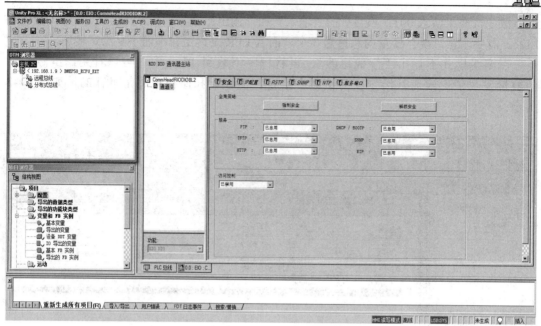

图 6-43　选择 DTM 浏览器的界面

在"DTM 浏览器"中，右键点击 CPU，即"<192.168.1.9> BMEP58_ECPU_EXT"选择"添加"，在弹出的添加对话框中选择"ATV 9xx"，点击"添加 DTM"，如图 6-44 所示。

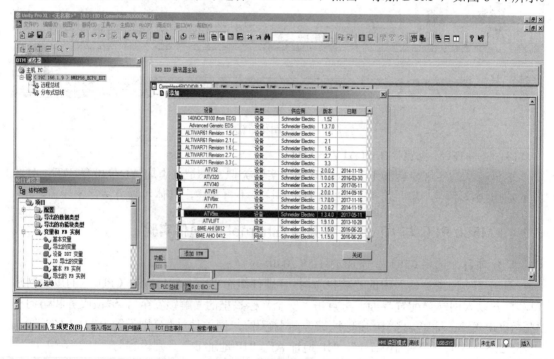

图 6-44　添加 DTM 界面

在弹出的对话框中选择"EtherNet IP"(如果是使用 Modbus TCP 则选择 Modbus over TCP)，点击"确定"按钮，如图 6-45 所示。

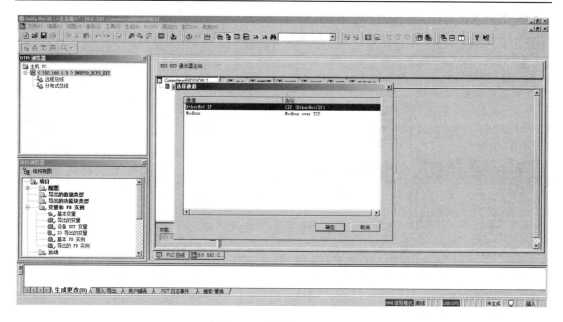

图 6-45 通信协议选择界面

在弹出的"设备属性"对话框中将"名称"修改为"ATV930",点击 OK 按钮,如图 6-46 所示。

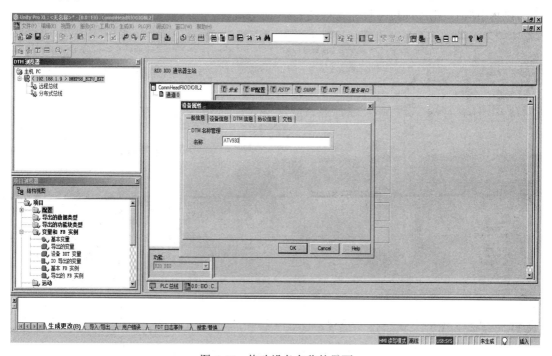

图 6-46 修改设备名称的界面

双击"DTM 浏览器"中 CPU,即"<192.168.1.9> BMEP58_ECPU_EXT",在 CPU 配置页选择"设备列表"→"[513]ATV930<EIP:192.168.1.13>",如图 6-47 所示。

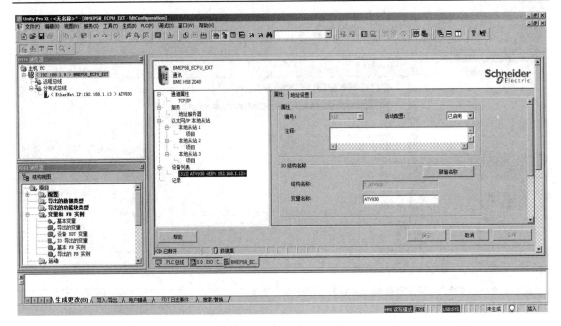

图 6-47　选中 ATV930 的界面

选择"地址设置"标签，将"IP 地址"修改为变频器的 IP 地址即"192.168.1.99"，"子网掩码"修改为"255.255.255.0"，"网关"修改为"192.168.1.1"，"此设备的 DHCP"选择为"已禁用"，点击"应用"按钮，如图 6-48 所示。

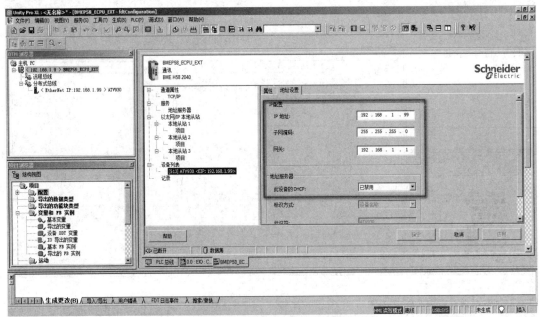

图 6-48　IP 地址等修改的界面

重新生成所有项目，将程序下载到 PLC 中，拔掉 PC 和 CPU 之间的 Mini USB 通信电缆。将 PC 的 IP 地址修改为"192.168.1.3"，其他格式设置为与 CPU、变频器一致，如图 6-49 所示。

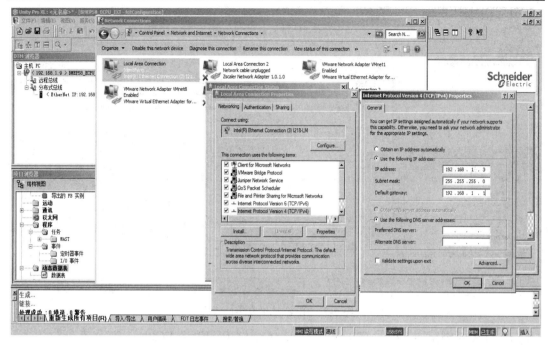

图 6-49　PC 的 IP 地址等修改的界面

使用网线连接 PC 和 CPU，点击菜单"PLC"中的"设置地址"，将"地址"修改为 CPU 的 IP 地址即"192.168.1.9"，"介质"修改为"TCPIP"，点击"确定"按钮，如图 6-50 所示。

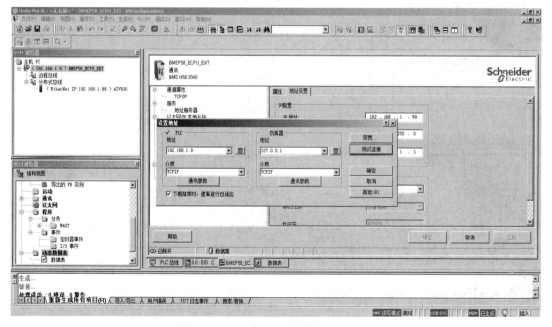

图 6-50　PLC 的 IP 地址等修改的界面

点击"PLC"→"连接"，双击"DTM 浏览器"里的 CPU，可以看到"通道属性"里的"IP 源地址"已经自动变更为 PC 的 IP 地址，如图 6-51 所示。

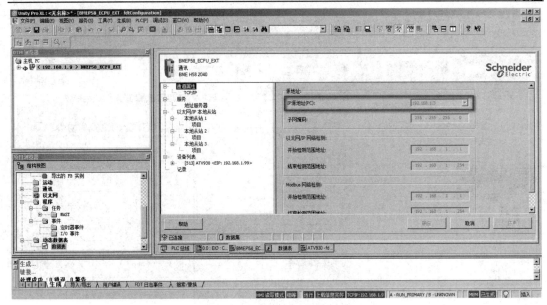

图 6-51　IP 源地址变更的界面

　　在"DTM 浏览器"里的 CPU 即"<192.168.1.9>BMEP58_ECPU_EXT"上点击右键选择"连接",然后再在 ATV930 即"<Ethernet IP:192.168.1.99>ATV930"上点击右键选择"连接",如果成功连接,那么 CPU 和 ATV930 的名称都会变成加粗显示,如图 6-52 所示。

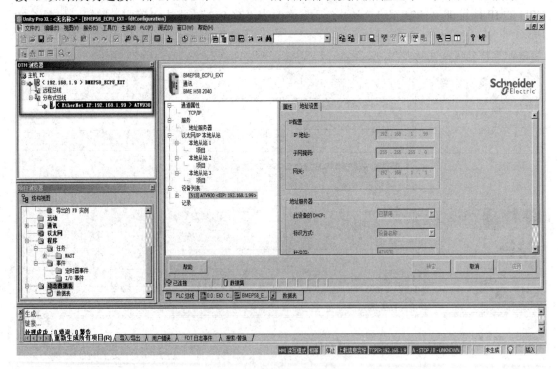

图 6-52　连接成功界面

　　双击"<Ethernet IP:192.168.1.99>ATV930"打开 ATV930 变频器的 DTM,选择"参数列表"标签内的"协议和变频器配置",点击"确定"按钮,如图 6-53 所示。

图 6-53　协议和变频器配置界面

新建动态数据表，将 ATV930 的变量组添加，如图 6-54 所示。

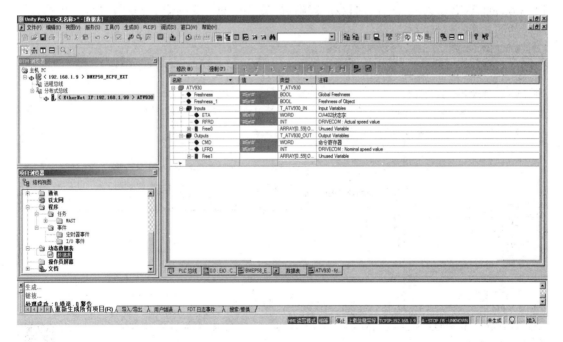

图 6-54　添加变量组界面

断开 PLC 切换到离线模式，点击"生成"→"生成更改"后将程序下载到 PLC 并运行，可以看到变频器的状态字 ETA 已经刷新上来了。通过修改控制字 CMD 和给定转速 LFRD 的值可以使变频器运行起来，如图 6-55 所示。

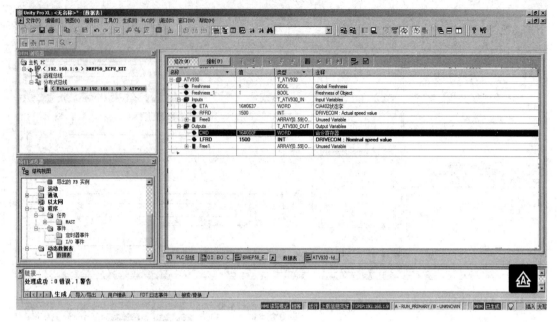

图 6-55　控制和监视界面

　　这种通信中也是访问的变频器中 I/O Scanner 里的值，如果想对其他的寄存器进行读或写的操作，可以在连接的状态下进入 ATV930 的 DTM，在"设备列表"→"通信"→"端口-Modbus TCP/以太网"→"协议和变频器配置"里的"变频器 I/O 配置文件"内修改即可，如图 6-56 所示。

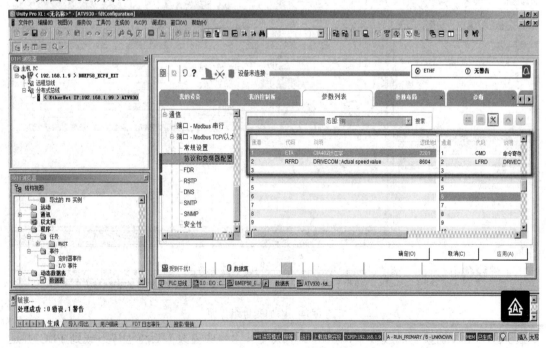

图 6-56　修改变频器 I/O 配置文件的界面

　　需要注意的是，一旦变量发生更改，一定要"生成更改"后重新下载程序到 PLC 中。

6.3　西门子 1200 PLC 与施耐德 ATV340 变频器的 Profinet 通信

6.3.1　硬件连接

本实验需要使用的硬件如表 6-7 所示。

表 6-7　硬 件 列 表

名称	型号	注　释
PLC	西门子 1200	CPU 1214C DC/DC/DC　　6ES7 214-1AG31-0XB0
变频器	ATV340U07N4	加 Profinet 通信卡 VW3A3627
通信电缆	网络电缆	实验中使用普通网线即可，现场应用推荐使用超六类网线
交换机	Schneider WISE	以太网交换机

CPU 1214C 的下方有一个自带的 profinet 接口，如图 6-57 所示。

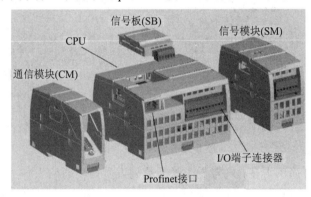

图 6-57　CPU 自带端口

ATV340 则需要在右边最下面插槽添加一个型号为 VW3A3627 的 Profinet 通信卡，如图 6-58 所示。

图 6-58　ATV340 添加通信卡

在 Profinet 通信实验中，我们只需要通过网线将 PLC、变频器及 PC 分别连接至交换机即可，交换机地址设置为 192.168.0.1。

6.3.2　变频器配置

本实验需要使用以太网通信对变频器实现控制和监视，变频器参数的设置主要在控制通道和扩展模块以太网通信上。

在 SoMove 的配置页面，"参数列表"→"完整设置"→"命令和参考"，将"参考频率通道 1"设置为"通信模块频率给定"，"控制模式配置"设置为"组合通道模式"，如图 6-59 所示。

图 6-59　通道配置界面

通信的配置则要简单得多，只需要在"参数列表"→"通信"→"插槽 A-profinet"里将"IP 模式(IPM)"设置为"DCP"即可，由 CPU 组态配置来决定变频器的 IP 地址，如图 6-60 所示。

图 6-60　通信配置界面

参数设置完毕后，将参数刷新至变频器，并将变频器断电再重新送电，以使通信参数生效。

6.3.3 Profinet 通信实验

打开博图软件，点击"在线与诊断"→"可访问设备"，"PG/PC 接口的类型"选择"PN/IE"，"PG/PC 接口"选择当前电脑的有线网卡(有线网卡的型号可以在"我的电脑"右键菜单"属性"里的"设备管理器"里找到)，然后点击"开始搜索"，可以看到当前连接的 PLC 的地址为"192.168.0.6"，如图 6-61 所示。

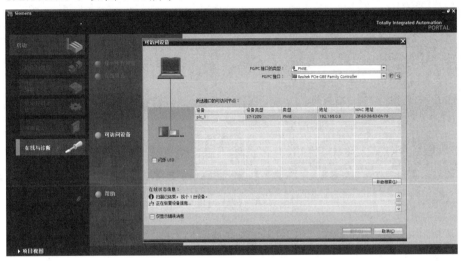

图 6-61 搜索 PLC 的界面

我们需要将 PC 的 IP 地址和 PLC 设置在同一个网段，点击 PC 任务栏上的网络连接图标，再点击"打开网络和共享中心"→"更改适配器设置"。在有线网络的属性界面将 TCP/Ipv4 的"IP 地址"修改为"192.168.0.9"，"子网掩码"修改为"255.255.255.0"，"默认网关"修改为"192.168.0.1"，点击"确定"按钮，如图 6-62 所示。

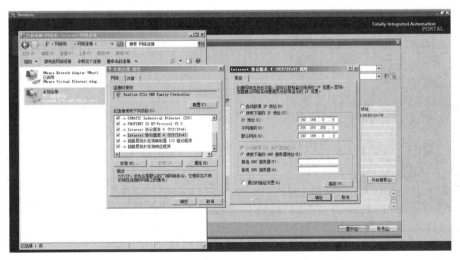

图 6-62 IP 等设置的界面

返回到博图软件，点击"启动"→"创建新项目"，"项目名称"修改为"1200-ATV340"，点击"创建"按钮，如图 6-63 所示。

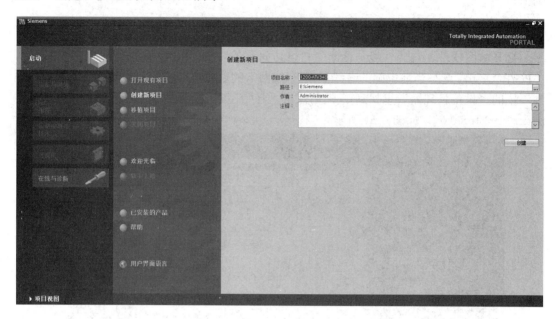

图 6-63　创建项目界面

在新建的"项目视图"中点击"组态设备"，再选择"添加新设备"，在"控制器"的列表中找到本实验使用的 CPU 型号"6ES7 214-1AG31-0XB0"，如图 6-64 所示。

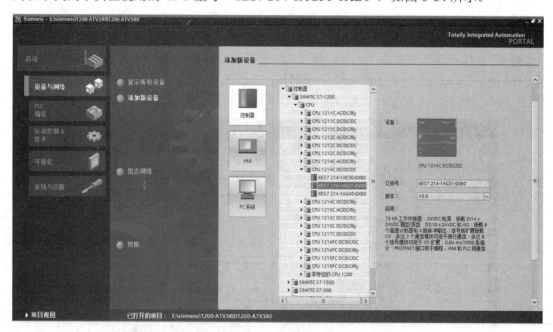

图 6-64　添加 CPU 界面

双击 CPU 将其添加到设备组态中，软件会自动进入到项目视图，如图 6-65 所示。

图 6-65　项目视图界面

　　由于博图是西门子公司的软件，它的"硬件目录"里并没有施耐德的变频器，我们需要手动将 ATV340 的 GSDML 文件添加进去。点击"选项"→"管理通用站描述文件(GSD)"，在打开的窗口中选择从施耐德官网下载的 ATV340 的 GSDML 文件夹，并在下方勾选"GSDML 文件"，点击"安装"按钮，如图 6-66 所示。

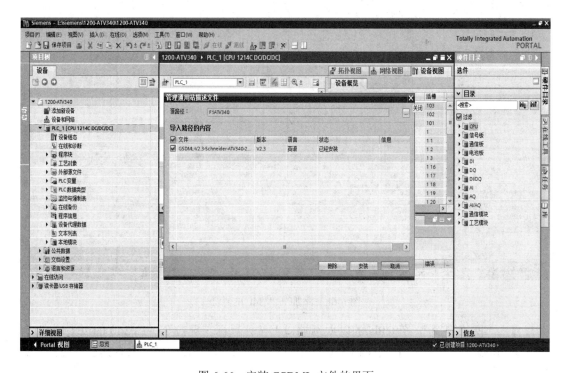

图 6-66　安装 GSDML 文件的界面

安装完毕之后，我们就可以在"硬件目录"中找到 ATV340 变频器了，如图 6-67 所示。

图 6-67　硬件目录界面

点击"拓扑视图"，将"硬件目录"下 ATV340 文件夹里的"前端模块"中的"ATV340"拖放到 CPU 的后面，如图 6-68 所示。

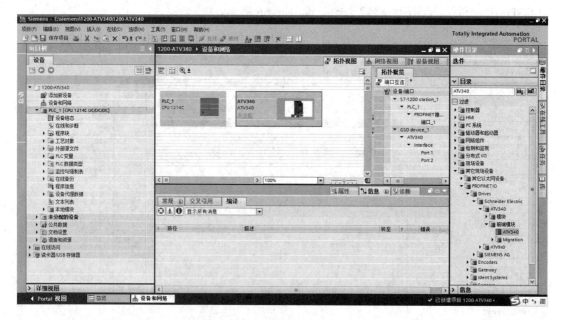

图 6-68　添加 ATV340 的界面

点击"网络视图"，在 CPU 的以太网端口上按住鼠标左键拉至 ATV340 的以太网端口，建立 Profinet 连接，可以看到 ATV340 的下方已经显示了"PLC_1"，表示其在网络的从属关系，如图 6-69 所示。

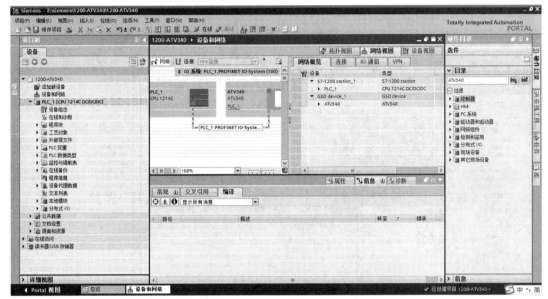

图 6-69　建立 Profinet 连接的界面

点击"ATV340"，再选择"设备视图"标签，将"硬件目录"下 ATV340 文件夹里的"Telegram100 (4PKW/2PZD)"拖放到"插槽 1"中，如图 6-70 所示。

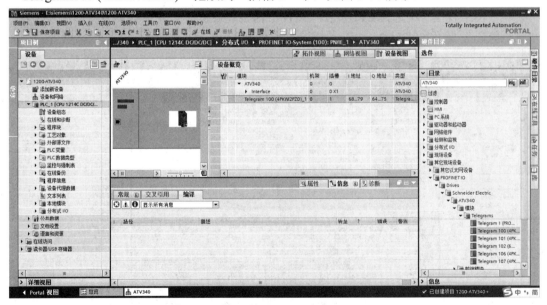

图 6-70　添加报文界面

可以看到，软件已经自动给 ATV340 分配了输入的地址"68...79"，输出的地址"64...75"。需要注意的是，这里的地址是以字节为单位的，如果以字为单位来看的话，输入的 68、70、72、74 四个字为 PKW，76、78 两个字为 PZD；输出的 64、66、68、70 四个字为 PKW，72、74 两个字为 PZD。所以，我们实验中的控制和监视只需要输入 76、78 和输出 72、74 即可。

点击"Telegram100 (4PKW/2PZD)"，再点击下方的"属性"标签，在"模块参数"中可以看到它们各自的功能，如图 6-71 所示。

图 6-71　模块参数的功能界面

在"网络视图"中选择 CPU，在"属性"标签中设置其"IP 地址"为"192.168.0.6"，"子网掩码"为"255.255.255.0"，如图 6-72 所示。

图 6-72　CPU 的 IP 等设置界面

在"网络视图"中选择"ATV340"，在"属性"标签中设置其"IP 地址"为"192.168.0.99"，如图 6-73 所示。

图 6-73 ATV340 的 IP 等设置界面

单击右键选择"ATV340",再点击"分配设备名称","PG/PC 接口的类型"选择"PN/IE"，"PG/PC 接口"选择当前电脑的有线网卡，然后点击"更新列表"，已连接的 ATV340 刷新出来后，核对"MAC 地址"是否和当前连接的 ATV340 的扩展 Profinet 卡一致，如果一致则点击"分配名称"，如图 6-74 所示。

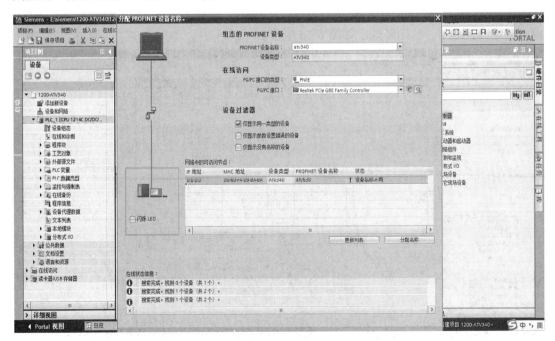

图 6-74 分配名称界面

点击编译图标 进行编译，如果没有任何错误及警告，再点击下载图标 ，选择对应的 CPU 后，将当前配置下载至 PLC，如图 6-75 所示。

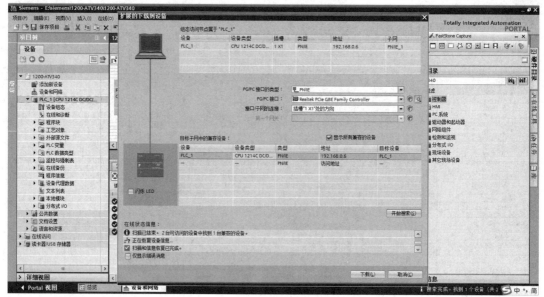

图 6-75　下载配置界面

如果下载显示 CPU 未准备好，那么检查 CPU 是否处于全部停止状态，若没有则点击停止图标 可以使其停止。

下载完毕后，点击运行图标 运行 CPU 中的程序。

在"项目树"中选择"监控与强制表"，双击"添加新监控表"新建一个监控表，在监控表中依次填入%IW76、%IW78、%QW72、%QW74，如前面所述，它们分别对应状态字、输出转速、控制字、给定转速，如图 6-76 所示。

图 6-76　监控表编辑界面

点击图标 在线 进入在线模式，再点击监控表中的全部监视图标 ，可以看到状态字的值已经可以刷新上来了，如图 6-77 所示。

图 6-77　在线监视界面

在"修改值"列，给定转速中输入"1500"，控制字依次输入 6、7、F。注意，每次修改都要点击图标 ⚡，将数据通过通信刷新到变频器内，从状态字和输出转速值的变化可以看到变频器已经启动成功，如图 6-78 所示。

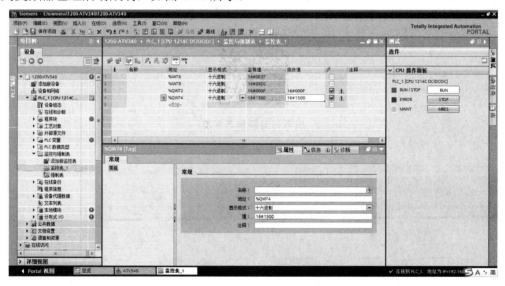

图 6-78　在线控制界面

至此，西门子 1200 PLC 和施耐德 ATV340 变频器的 Profinet 通信成功。

小　　结

本章主要介绍工业以太网的发展过程，几种常见工业以太网协议的结构，重点介绍了 Modbus TCP/IP 的结构、报文及常见参数的设置。在实验过程中，我们使用了几种不同的通信协议来进行联机，并且在每种通信协议中都使用了几种不同的方法。工业以太网是以商业以太网为基础的，但由于工业现场环境的严苛要求，会比商业以太网要求更为严格。工业以太网是被称为"未来的总线"的通信协议，是很有发展前景的现场总线，如今各大厂商也在加紧相关协议内容的完善和产品的开发，因此它也是自动控制技术人员必须要掌握的现场总线。

思 考 与 习 题

1. 列出几种常见的工业以太网协议。
2. 简述以太网的物理层关键内容。
3. Modbus TCP/IP 链路层、网络层、传输层、应用层包含哪些内容？
4. TCP 和 UDP 有什么区别？各有什么优势？
5. 简述 Modbus TCP/IP 通信系统的设备类型。
6. Modbus TCP/IP 数据单元和 Modbus 有什么区别？
7. MAC 地址是否可以人为修改？为什么？
8. 简述 BOOTP 模式和 DHCP 模式的区别。
9. 简述 FDR 的功能。
10. 使用 RSTP 时有什么优势？网络如何判断从哪条线路进行通信？

思考与习题参考答案

第7章 非周期性数据的应用

知识目标

(1) 了解非周期性数据的特征。

(2) 理解不同通信协议非周期性数据的处理方法。

能力目标

(1) 掌握各种通信协议非周期性数据功能块的使用。

(2) 掌握非周期性数据分析的方法。

7.1 周期性数据和非周期性数据

现场总线应用中，周期性数据为现场设备的控制和监视提供支持，它也是现场应用中最常见、应用最多的数据类型。非周期性数据的应用相对较少，但它可以对现场设备的参数进行读/写的操作，也是我们必须要了解的一种数据类型。

周期性数据是指设备之间根据一定的周期来反复进行的访问数据，并由控制者决定其开始及结束的时间。在前面几个章节中，我们通过大量的实验了解了如何建立上位机和设备之间的通信，这些通信实验中使用的都是周期性数据。周期性数据通常用于现场设备的控制和监视，因为控制和监视的数据本身需要反复进行，而不是访问一次就可以的。例如：控制变频器时的频率给定值就是需要不停地重复给定的，变频器也会根据当前的频率给定值来改变自身的输出频率，这样一旦频率给定值发生变化，变频器的输出频率也会跟着立即变化；变频器的输出电流也是需要不停地重复读出的，这样我们才能知道电机运行的实时电流，并根据当前电流的大小及持续时间来判断电机是否过载或欠载。周期性数据的周期是由上位机的扫描周期、通信的速率及收发器的性能决定的，它们的响应时间通常都很短，是毫秒甚至微秒级的，用以保证周期性数据的每一帧都能准确无误地传递。周期性数据是整个通信数据中比例较大的部分，而且对速率的要求较高。

非周期性数据是指设备之间根据控制者的需求发起的一次或多次的访问数据，并在每次成功访问后结束。非周期性数据通常用于现场设备的参数修改或读取，这些修改或读取通常只需要进行一次即可，因为修改或读取成功即可进行其他的工作，不需要重复进行。一旦非周期性数据需要再次或多次访问，重新申请一次或多次访问即可。例如，将变频器的加速时间由出厂设置的 3 秒修改为 30 秒，只需要通过非周期性数据申请写入，将加速时间修改为 30 秒并保存即可，修改成功之后无需重复写入。非周期性数据访问需要的时间一样取决于上位机的扫描周期、通信的速率及收发器的性能，但由于非周期性数据通常对实时性的要求不是很高，所以对现场总线上设备的性能并没有很高的要求。非周期性数据是整个通信数据中比例较小的部分，只在需要的时候发起并结束，对速率的要求不是特别高。

目前对现场设备的参数访问中，有 DTM、webserver 等手段，也有很多设备本身就具有参数切换的功能，甚至有些现场也靠尽量缩短开始和结束之间的时间间隔来把周期性数据当作非周期数据来使用。再加上很多通信协议将非周期性数据的访问定义得过于严苛和复杂，导致非周期性数据的应用越来越少。但非周期性数据的应用我们还是需要了解的，它对我们理解通信的内容和过程有很大的帮助。

本章将介绍几种常见的通信协议的非周期性数据的访问方法。需要注意的是，不同的上位机、不同的受控设备、不同的通信协议的访问方法都是不同的，本章介绍的方法不能适用于所有的现场环境，具体的方法还是应以上位机、受控设备、通信协议的说明为准。

7.2　Modbus RTU 的非周期性数据

Modbus RTU 通信协议中并没有定义如 CANopen 里的 SDO、Profibus DP 里的 PKW 这类的非周期性数据，但是它也有方法可以将数据进行非周期性的读/写。我们将以施耐德 M340 的 PLC 和施耐德 ATV71 变频器的 Modbus RTU 通信为例来说明两种方法，即使用 READ_VAR 和 WRITE_VAR 功能块以及使用 DATA_EXCH 功能块。

7.2.1　使用 READ_VAR 和 WRITE_VAR 功能块

在第 3 章中，我们已经了解了使用 READ_VAR 和 WRITE_VAR 功能块来对数据进行周期性读写的方法，如图 7-1 所示。

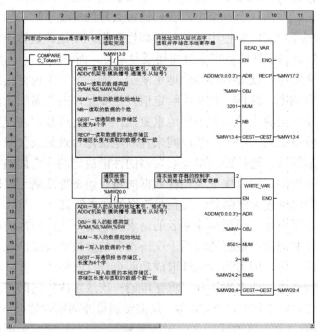

图 7-1　Modbus 中 READ_VAR 和 WRITE_VAR

从这段程序中我们可以看到，在令牌触发的情况下，READ_VAR 和 WRITE_VAR 功能块就会开始工作，进行周期性数据的读和写的操作。

这种情况下想进行非周期性数据的读/写也很简单，只需要在 READ_VAR 和 WRITE_VAR 功能块前面再附加一个触发条件就可以了，当触发条件满足时就开始读/写，当触发条件失效时就停止读/写。例如，可以在 READ_VAR 功能块的 EN 脚前面串联一个 M0 的常开触点，需要 READ_VAR 功能块进行读操作时就让 M0 的触点闭合，需要 READ_VAR 功能块结束读操作时就让 M0 的触点打开。M0 的闭合和打开的时机完全可以由编程者自己决定，如定时进行、其他条件触发进行、人为结束、成功读取数据后结束等很多方法，这里不再赘述。

7.2.2　使用 DATA_EXCH 功能块

DATA_EXCH 是一个用于数据传输的功能块，在施耐德 M340 的 CPU 上，它可以用于将 Modbus 的请求发送到另一个设备。与 READ_VAR 及 WRITE_VAR 功能块不同，DATA_EXCH 更像是人为地传输一个或多个数据帧。

在"项目浏览器"→"项目"→"变量和 FB 实例"→"基本变量"中建立 3 个类型为 INT 的变量，如图 7-2 所示。

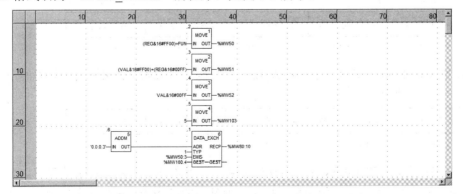

图 7-2　新建变量的界面

REG 变量用于存放即将读或写的变频器的寄存器地址；FUN 用于存放读或写请求的 Modbus 功能码；VAL 用于存放读出的值或即将写入的值。

在"项目浏览器"→"项目"→"程序"→"任务"→"MAST"→"段"中新建一个 FBD 格式名为"DATA_EXCH"的程序，如图 7-3 所示。

图 7-3　新建 DATA_EXCH 程序

在理解这段程序之前，我们需要先回忆一下 Modbus 数据帧的格式。

(1) 03 功能码的消息格式如下：

主机请求

从站编号	03	首字编号		字数		CRC16	
		Hi	Lo	Hi	Lo	Lo	Hi
1 个字节	1 个字节	2 个字节		2 个字节		2 个字节	

从机应答

从站编号	03	读取字节数	首字值		···	末字值		CRC16	
			Hi	Lo		Hi	Lo	Lo	Hi
1 个字节	1 个字节	1 个字节	2 个字节			2 个字节		2 个字节	

注：Hi = 高位字节，Lo = 低位字节。

(2) 06 功能码的主机请求和从机应答的消息格式是相同的。格式如下：

从站编号	06	字数		字的值		CRC16	
		Hi	Lo	Hi	Lo	Lo	Hi
1 个字节	1 个字节	2 个字节		2 个字节		2 个字节	

DATA_EXCH 功能块的 EMIS 脚输入的数据中不需要包含从站编号和 CRC16 校验，对应之前建立的 3 个变量。DATA_EXCH 功能块的 EMIS 脚输入的数据格式如下：

(1) 03 功能码的消息格式如下：

主机请求

FUN	REG 高字节	REG 低字节	VAL 高字节	VAL 低字节
1 个字节	1 个字节	1 个字节	1 个字节	1 个字节

从机应答

FUN	读取字节数高字节	读取字节数低字节	首字值高字节	首字值低字节	···	末字值高字节	末字值低字节
1 个字节	1 个字节	1 个字节	1 个字节	1 个字节		1 个字节	1 个字节

(2) 06 功能码的主机请求和从机应答的消息格式是相同的。格式如下：

FUN	REG 高字节	REG 低字节	VAL 高字节	VAL 低字节
1 个字节	1 个字节	1 个字节	1 个字节	1 个字节

03 功能码和 06 功能码对于 DATA_EXCH 功能块的 EMIS 脚来说需要处理的消息格式是一致的。格式如下：

FUN	REG 高字节	REG 低字节	VAL 高字节	VAL 低字节
1 个字节	1 个字节	1 个字节	1 个字节	1 个字节

但是要注意，DATA_EXCH 功能块的 EMIS 脚输入的要求是"低字节在前，高字节在后"，那么我们需要把刚才的消息格式按照从前到后的顺序进行高低字节的位置互换。互换

之后消息格式如下：

REG 高字节	FUN	VAL 高字节	REG 低字节	空白	VAL 低字节

理解了 EMIS 脚输入的消息格式后，我们就可以理解刚才的程序中前 3 个 MOVE 功能块的功能了，如图 7-4 所示。

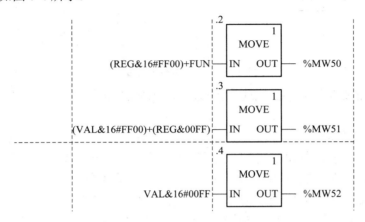

图 7-4　前 3 个 MOVE 功能块

在程序中，我们看到 DATA_EXCH 功能块的 EMIS 脚输入的是%MW50、%MW51、%MW52 这 3 个由 INT 型数组成的数组内的数据。在经过这 3 个 MOVE 功能块的数据输入后，%MW50、%MW51、%MW52 里面存储的数据如下：

REG&16#FF00	FUN	VAL&16#FF00	REG&16#00FF	空白	VAL&16#00FF

其中 REG&16#FF00 表示变量 REG 和十六进制的 FF00 相与，即保留变量 REG 的高字节，因为一个字和十六进制的 FF00 相与即和 1111 1111 0000 0000 相与，高字节的 8 位值会按原样保留，低字节的 8 位会变为 0。

同理，VAL&16#FF00 可以保留 VAL 的高字节，REG&16#00FF 可以保留 REG 的低字节，VAL&16#00FF 可以保留 VAL 的低字节。

也就是说，经过前面的 3 个 MOVE 功能块后，%MW50、%MW51、%MW52 里面存储的数据如下：

REG 高字节	FUN	VAL 高字节	REG 低字节	空白	VAL 低字节

可以看到，这跟之前提到的 DATA_EXCH 的 EMIS 脚需求的输入格式是一致的，前 3 个 MOVE 功能块的作用就是把数据转化为 EMIS 脚需求的格式。

第 4 个 MOVE 功能块则要简单得多，是将%MW103 赋值 5，如图 7-5 所示。

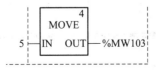

图 7-5　第 4 个 MOVE 功能块

这一步的意义是，我们传递数据一共只使用了 5 个字节，第 3 个字的高字节没有用到，我们必须要将使用的数据长度分配给 GEST 脚的第 4 个字即%MW103 内，以保证数据传输的正常进行。

最后一步就是关键的 DATA_EXCH 功能块，如图 7-6 所示。

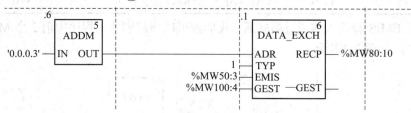

图 7-6　DATA_EXCH 功能块

ADR 对应的是需要传输的地址，我们通过一个 ADDM 功能块将变频器的地址"0.0.0.3"写入。

TYP 对应的是操作模式，对于 M340 我们输入的值是 1，代表传输数据后等待接收。

EMIS 对应的是数据帧的一部分，这部分内容我们刚才已经做了详细介绍。

GEST 对应的是交换管理区，比较重要的就是它的第 4 个字。

RECP 对应的是数据接收区，我们使用的是从 %MW80 开始的连续 10 个字。

在"项目浏览器"→"动态数据表"内新建一个动态数据表，如图 7-7 所示。

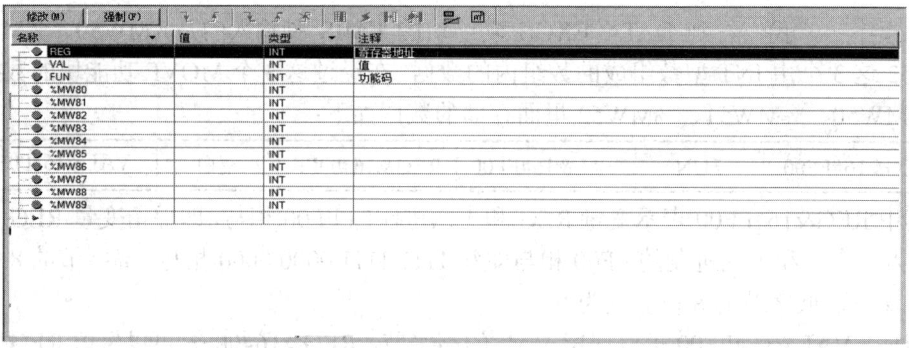

名称	值	类型	注释
REG		INT	寄存器地址
VAL		INT	值
FUN		INT	功能码
%MW80		INT	
%MW81		INT	
%MW82		INT	
%MW83		INT	
%MW84		INT	
%MW85		INT	
%MW86		INT	
%MW87		INT	
%MW88		INT	
%MW89		INT	

图 7-7　新建动态数据表界面

在 PLC 和变频器正常连接后，于在线模式下，将 REG 修改为"3201"，VAL 修改为"1"，FUN 修改为"3"，如图 7-8 所示。

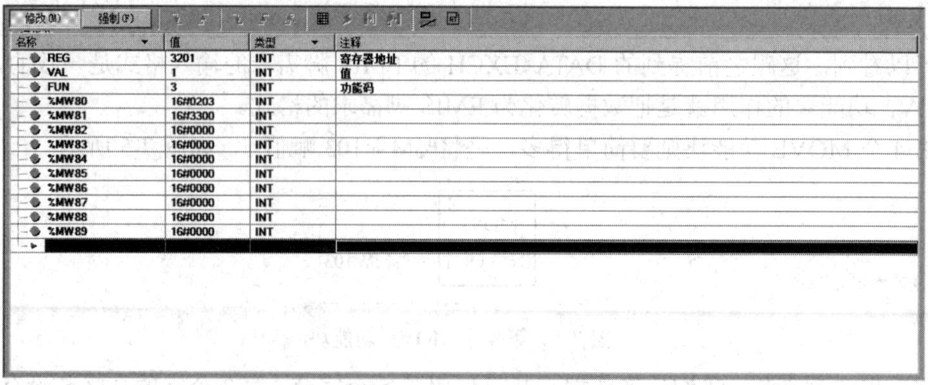

名称	值	类型	注释
REG	3201	INT	寄存器地址
VAL	1	INT	值
FUN	3	INT	功能码
%MW80	16#0203	INT	
%MW81	16#3300	INT	
%MW82	16#0000	INT	
%MW83	16#0000	INT	
%MW84	16#0000	INT	
%MW85	16#0000	INT	
%MW86	16#0000	INT	
%MW87	16#0000	INT	
%MW88	16#0000	INT	
%MW89	16#0000	INT	

图 7-8　待机时的状态字界面

立即读取状态字的值，读取出来的结果显示在%MW80、%MW81 内的数据是十六进制的 02 03,33 00。当然，这里的数据也是低字节在前高字节在后的，我们将高低字节内的数值互换，即得到正确的反馈信息是 03 02,00 33。参考之前的 Modbus 反馈信息的格式，我们可知它表达的意思是读到 2 个字节的值为 0033，即变频器处于待机状态。

在变频器处于 RUN 状态下，读取到的信息如图 7-9 所示。

名称	值	类型	注释
REG	3201	INT	寄存器地址
VAL	1	INT	值
FUN	3	INT	功能码
%MW80	16#0203	INT	
%MW81	16#3704	INT	
%MW82	16#0000	INT	
%MW83	16#0000	INT	
%MW84	16#0000	INT	
%MW85	16#0000	INT	
%MW86	16#0000	INT	
%MW87	16#0000	INT	
%MW88	16#0000	INT	
%MW89	16#0000	INT	

图 7-9　运行时的状态字界面

可以看到状态字的值变为 0437 了。

我们再将 REG 修改为 9001，VAL 修改为 600，FUN 修改为 6，如图 7-10 所示。

名称	值	类型	注释
REG	9001	INT	寄存器地址
VAL	600	INT	值
FUN	6	INT	功能码
%MW80	16#2306	INT	
%MW81	16#0229	INT	
%MW82	16#0058	INT	
%MW83	16#0000	INT	
%MW84	16#0000	INT	
%MW85	16#0000	INT	
%MW86	16#0000	INT	
%MW87	16#0000	INT	
%MW88	16#0000	INT	
%MW89	16#0000	INT	

图 7-10　修改加速时间的界面

就是请求将变频器的 9001 即加速时间修改为 600(即 60 秒)，反馈的数据转换后为十六进制的 06 23 29 02 58 00，即十进制的 06 9001 600，参数修改成功。

ATV71 变频器的参数在修改之后，如果希望在断电并再次上电之后参数依然有效，需要对扩展控制字 CMI 的 bit1 置 1，以将参数保存至变频器的 EEPROM。需要注意的是，在参数成功保存之后 CMI 的 bit1 会自动回零，一定不要重复地将其置 1，因为 EEPROM 的寿命是有限的，重复的置 1 会导致变频器的 EEPROM 快速损坏。

如果希望 DATA_EXCH 功能块按照我们的需求只执行一次或有限次，可以按照之前在 READ_VAR 和 WRITE_VAR 里提到的方法,用一定的触发条件来触发及结束 DATA_EXCH 功能块即可。

7.3　CANopen 的非周期性数据

　　CANopen 中有定义专门用于非周期性数据的 SDO 类型，我们将以施耐德 M340 的 PLC 和施耐德 ATV71 变频器来进行实验，在 M340 中同样可以使用 READ_VAR 和 WRITE_VAR 功能块来实现 CANopen 的 SDO 读/写，只是引脚的输入和 Modbus 略有不同。

　　本实验中，我们使用的是 BMX P34 20102 的 CPU，它有一个自带的 CANopen 接口，将其连接至变频器的 CANopen 接口即可，变频器的地址设置为 3，PLC 的 CANopen 网络组态中一样将变频器的地址组态设置为 3。

　　在"项目浏览器"→"变量和 FB 实例"→"基本变量"中新建以下变量，如图 7-11 所示。

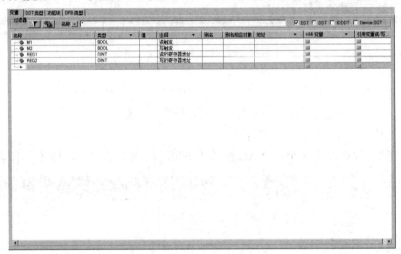

图 7-11　新建变量界面

　　我们将 M1 和 M2 分别放置于 READ_VAR 和 WRITE_VAR 功能块的前端，用于触发读和写的操作，它们的变量类型为 BOOL。REG1 和 REG2 在程序中用于输入读或写的变频器的寄存器地址，它们的变量类型为 DINT，因为 SDO 的 CANopen 地址包含索引和子索引，需要占用两个字。

　　在"项目浏览器"→"程序"→"任务"→"MAST"→"段"中新建名为"READWRITE"的 LD 格式程序。输入读的程序如图 7-12 所示。

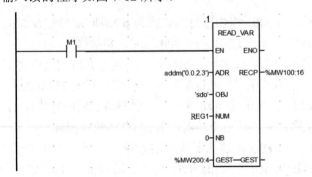

图 7-12　新建读程序

M1 用于触发 READ_VAR 功能块。

ADR 脚对应的是 CANopen 从站即变频器的地址,我们需要使用一个 ADDM 的命令来输入"0.0.2.3",0.0.2 对应的是 CPU 上自带的 CANopen 接口,3 对应的是变频器的 CANopen 地址。

OBJ 脚对应的是读取的数据类型,由于我们需要读取的是 SDO 数据,这里输入"sdo",这点和 Modbus 是不同的。

NUM 脚对应的是读取的寄存器地址,这里输入之前建立的变量 REG1。需要注意的是,这个地址对应的是 CANopen 的地址即包含索引和子索引,而且它是"低字在前,高字在后",在修改 REG1 的值时需要把子索引放在前面,索引放在后面。

NB 脚对应的是需要读取的寄存器偏移量,这里设置为 0。

GEST 脚对应的是数据交换管理表,这里输入一个从%MW200 开始长度为 4 的数组来存放交换管理表。

RECP 脚对应的是读操作后的数据接收区,这里输入一个从%MW100 开始长度为 16 的数组来存放接收到的数据。

在"READWRITE"程序中输入写的程序,如图 7-13 所示。

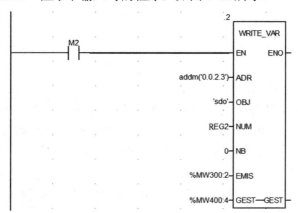

图 7-13　新建写程序

M2 用于触发 WRITE_VAR 功能块。

ADR 脚对应的是 CANopen 从站即变频器的地址,输入一个和 READ_VAR 功能块中一样的地址 ADDM('0.0.2.3')。

OBJ 脚对应的是写入的数据类型,由于我们需要写入的是 SDO 数据,这里输入"sdo",和 READ_VAR 功能块中一样。

NUM 脚对应的是写入的寄存器地址,这里输入之前建立的变量 REG2,一样是"低字在前,高字在后",在修改 REG2 的值时同样需要把子索引放在前面,索引放在后面。

NB 脚对应的是需要写入的寄存器偏移量,这里设置为 0。

EMIS 脚对应的是需要写入寄存器的值,这里使用了一个从%MW300 开始长度为 2 的数组来输入要写入的值。

GEST 脚对应的是数据交换管理表,这里输入一个从%MW400 开始长度为 4 的数组来存放交换管理表。需要注意的是,WRITE_VAR 功能块有一点不同的地方是必须要从 GEST

中指定写入的数据长度，否则写操作不能正常进行。本例中，我们需要在%MW403中输入2，即数据长度为2个字节。

在以上读和写的程序中，大部分引脚的定义比较好理解，只需要重点注意REG1、REG2对应的数据顺序，以及WRITE_VAR中需要指定写入的数据长度。

在"项目浏览器"→"动态数据表"中新建一个数据表，如图7-14所示。

图 7-14　新建数据表界面

在线模式下，即可模拟读和写的操作。

从变频器的通信地址表中查到状态字ETA的CANopen地址为6041/00，即索引6041，子索引00。在数据表中将REG1的值修改为"16#0000_6041"(子索引在前，索引在后)，M1的值修改为"1"，可以看到%MW100读出的值为"16#0033"，状态字显示变频器处于待机状态，如图7-15所示。

图 7-15　读取状态字的界面

从变频器的地址表中查到加速时间ACC的CANopen地址为16#203C/2，即索引203C，子索引2。在数据表中将REG2的值修改为"16#0002_203C"(子索引在前，索引在后)，

%MW403 的值修改为"2"(写入数据的长度),%MW300 的值修改为"600"(即 60 秒),M2 的值修改为"1",如图 7-16 所示。

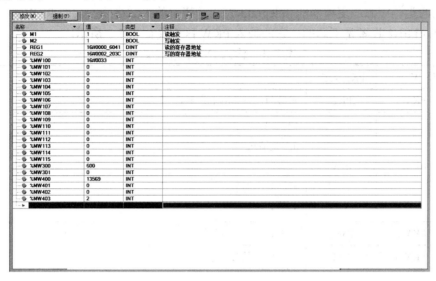

图 7-16　修改加速时间的界面

从变频器侧检查参数已被修改为 60 秒,即表示写入成功。

7.4　Profibus DP 的非周期性数据

通过前面的介绍,我们了解到 Profibus DP 通信协议传递的数据有 PZD 和 PKW 两种,其中 PZD 是周期性数据,PKW 是非周期性数据。下面将介绍 PKW 这种非周期性数据的访问过程。

我们使用的实验设备是西门子 S7-300 的 PLC 和施耐德 ATV340 的变频器,在组态过程中将 ATV340 添加至 Profibus DP 网络后,将其 PPO 数据类型选择为 Telegram 100(4PKW/2PZD),如图 7-17 所示。

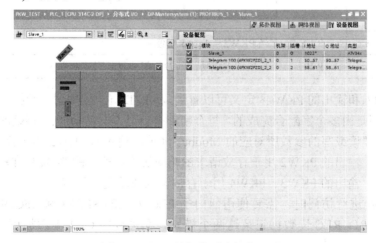

图 7-17　PPO 数据类型选择的界面

从组态界面中我们可以看到，"I 地址"和"Q 地址"中的"50...57"的 8 个字节即 4 个字就是 PKW，而"I 地址"和"Q 地址"中的"58...61"的 4 个字节即 2 个字就是 PZD。需要注意的是，施耐德变频器的 Telegram 100 是特定的报文格式，它的 PKW 定义及访问和其他 Profidrive 设备是不同的。它的输入 PKW 区定义如表 7-1 所示。

表 7-1　输入 PKW 区定义

PKW 编号	PKE 名称	描　述
PKW1	PKE	参数对应的 Modbus 地址
PKW2	R/W	请求码： 0：无请求 1：读 2：写(16 位) 3：写(32 位)
PKW3	PWE	当 PKW2 = 3 时使用
PKW4	PWE	写请求中的参数值

它的输出 PKW 区定义如表 7-2 所示。

表 7-2　输出 PKW 区定义

PKW 编号	PKE 名称	描　述
PKW1	PKE	和输入的 PKE 相同
PKW2	R/W	响应码： 0：无请求 1：读完成(16 位) 2：写完成(16 位) 3：请求进行中 4：读完成(32 位) 5：写完成(32 位) 7：读或写错误
PKW3	PWE	当 PKW2 = 4 或 5 时使用
PKW4	PWE	如果请求成功，则参数值被复制到这个位置

　　从它的输入和输出的 PKW 区定义可以看到，和 PZD 同自己映射的数据一一对应不同，PKW 的读和写是由多个字配合完成的，每个字都有自己不同的功能。输入和输出的 PKW1 都用于存放需要读或写的参数所对应的 Modbus 地址；输入的 PKW2 用于存放当前操作的请求是读或写，输出的 PKW2 用于存放请求的响应进度；输入的 PKW3、PKW4 用于存放需要写入的值，输出的 PKW3、PKW4 用于存放请求成功之后的值。

　　在对 PKW 进行访问时，需要使用西门子 PLC 内置的 SFC58 和 SFC59 即 WR_REC 写数据记录和 RD_REC 读数据记录这两个模块。在主程序 OB1 中添加程序，如图 7-18 所示。

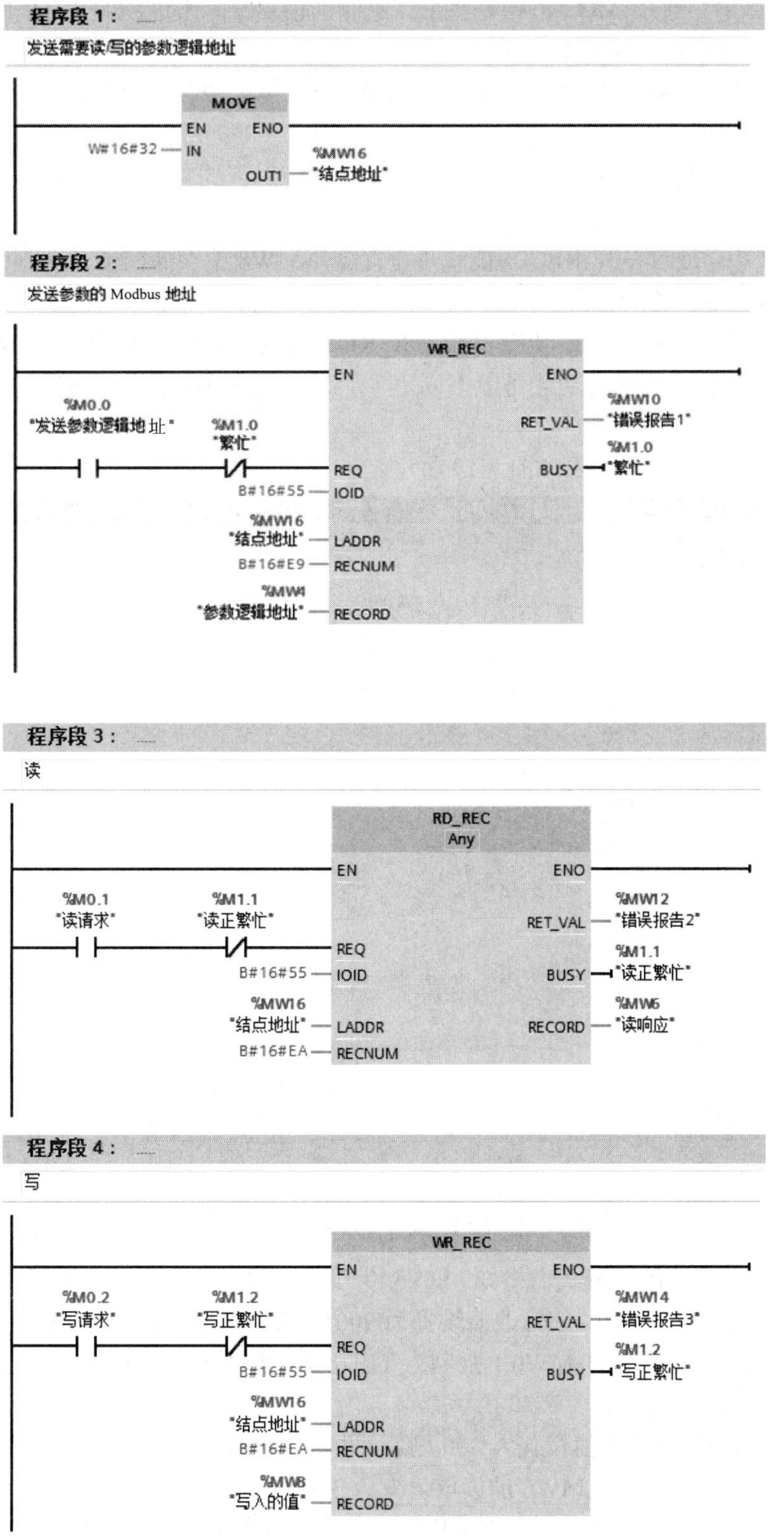

程序段 1： ___

发送需要读/写的参数逻辑地址

```
                        ┌─── MOVE ───┐
                        │ EN      ENO │
        W#16#32 ────────│ IN          │
                        │         %MW16
                        │     OUT1 "结点地址"
                        └─────────────┘
```

程序段 2： ___

发送参数的 Modbus 地址

```
                                    ┌──────── WR_REC ────────┐
                                    │ EN                  ENO │
    %M0.0          %M1.0            │                      %MW10
  "发送参数逻辑地址"  "繁忙"           │              RET_VAL "错误报告1"
   ──┤ ├──────────┤/├──────────────│ REQ                  %M1.0
                         B#16#55 ───│ IOID            BUSY "繁忙"
                          %MW16     │
                        "结点地址" ───│ LADDR
                        B#16#E9 ─────│ RECNUM
                          %MW4      │
                      "参数逻辑地址" ──│ RECORD
                                    └─────────────────────────┘
```

程序段 3： ___

读

```
                                    ┌──────── RD_REC ────────┐
                                    │           Any           │
                                    │ EN                  ENO │
    %M0.1          %M1.1            │                      %MW12
   "读请求"        "读正繁忙"          │              RET_VAL "错误报告2"
   ──┤ ├──────────┤/├──────────────│ REQ                  %M1.1
                         B#16#55 ───│ IOID            BUSY "读正繁忙"
                          %MW16     │                      %MW6
                        "结点地址" ───│ LADDR         RECORD "读响应"
                        B#16#EA ─────│ RECNUM
                                    └─────────────────────────┘
```

程序段 4： ___

写

```
                                    ┌──────── WR_REC ────────┐
                                    │ EN                  ENO │
    %M0.2          %M1.2            │                      %MW14
   "写请求"        "写正繁忙"          │              RET_VAL "错误报告3"
   ──┤ ├──────────┤/├──────────────│ REQ                  %M1.2
                         B#16#55 ───│ IOID            BUSY "写正繁忙"
                          %MW16     │
                        "结点地址" ───│ LADDR
                        B#16#EA ─────│ RECNUM
                          %MW8      │
                       "写入的值" ───│ RECORD
                                    └─────────────────────────┘
```

图 7-18　添加程序

程序段 1 中，通过 MOVE 指令将十六进制的值 32 即十进制的值 50 写入到寄存器 %MW16 中，用以对应 PKW 的起始地址 50。

程序段 2 中，通过 WR_REC 功能块将寄存器%MW4 中存储的参数的 Modbus 逻辑地址写入到 PKW 中。

程序段 3 中，通过 RD_REC 功能块将程序段 2 中对应的参数的 Modbus 逻辑地址的值读出，并存储在%MW6 中。

程序段 4 中，通过 WR_REC 功能块将寄存器 %MW8 中存储的值写入到程序段 2 中对应的参数的 Modbus 逻辑地址中。

需要注意的是，RD_REC 功能块和 WR_REC 功能块都是对 PKW 区整体操作的，其在程序中不同的位置实现的功能可能不同，具体操作值的对应关系请参考之前 PKW 区的定义。

在博图软件中新建监控表如图 7-19 所示。

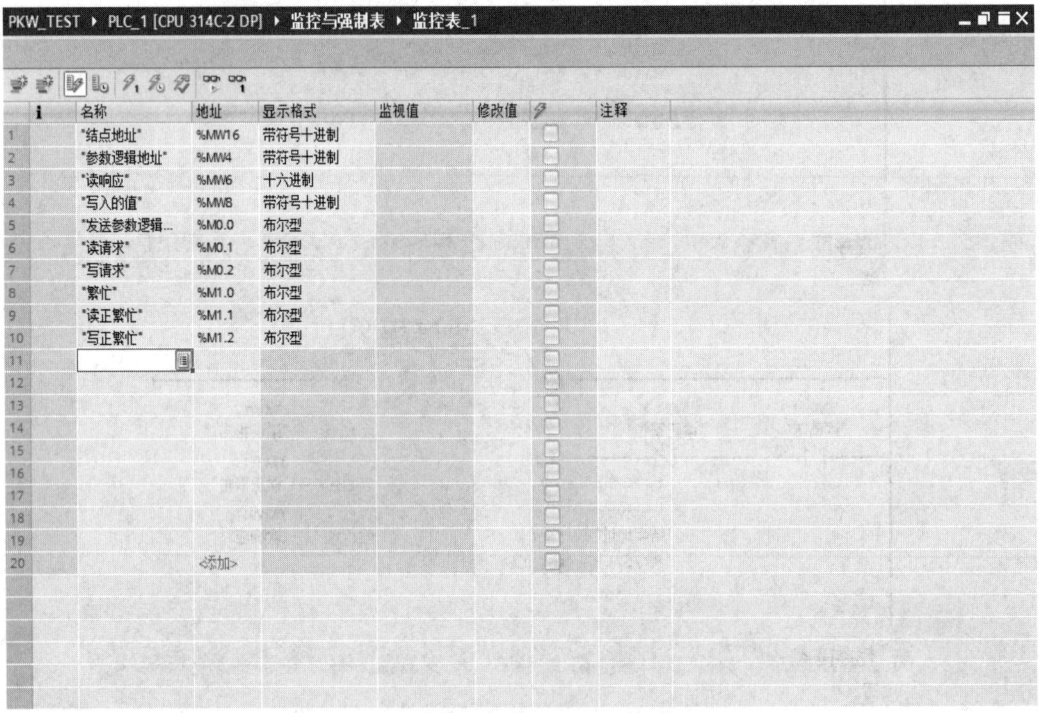

图 7-19　新建监控表的界面

从变频器的通信地址表我们得知 ATV340 变频器的参数"加速时间"的逻辑地址为 9001，在监控表中将 %MW4 的修改值设置为 9001 刷新，并将 %MW0.0 强制为 TRUE，将 9001 发送到 PKW 中；再将 %MW0.1 强制为 TRUE，即可读出当前 9001 的值显示在 %MW6 中，显示为 30(即 3 秒)，如图 7-20 所示。

再次将 %MW8 的修改值设置为 300 刷新，并将%MW0.2 强制为 TRUE，即可将 300(即 30 秒)写入到 9001 中，从 %MW6 的读取值变为 300 可以看到修改成功，如图 7-21 所示。

使用同样的方法，可以通过修改这几个寄存器的值来实现对变频器其他参数的读/写。如读取状态字 3201 的值，如图 7-22 所示。

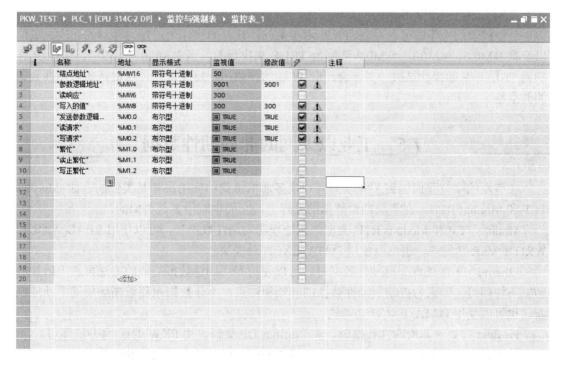

图 7-20　读取加速时间的界面

图 7-21　写入加速时间的界面

	i	名称	地址	显示格式	监视值	修改值	∅		注释
1		"结点地址"	%MW16	带符号十进制	50		☐		
2		"参数逻辑地址"	%MW4	带符号十进制	3201	3201	☑	!	
3		"读响应"	%MW6	十六进制	16#0033		☐		
4		"写入的值"	%MW8	带符号十进制	300		☐		
5		"发送参数逻辑…"	%M0.0	布尔型	☐ TRUE	TRUE	☑	!	
6		"读请求"	%M0.1	布尔型	☐ TRUE	TRUE	☑	!	
7		"写请求"	%M0.2	布尔型	☐ FALSE	FALSE	☑	!	
8		"繁忙"	%M1.0	布尔型	☐ TRUE		☐		
9		"读正繁忙"	%M1.1	布尔型	☐ TRUE		☐		
10		"写正繁忙"	%M1.2	布尔型	☐ FALSE		☐		
11			☐				☐		
12							☐		
13							☐		
14							☐		
15							☐		
16							☐		
17							☐		
18							☐		
19							☐		
20			<添加>				☐		

图 7-22　读取状态字的界面

当然，状态字 3201 的值是只读的，不可写。

如果需要设置的参数在变频器断电后能够保存，和 Modbus 通信中的操作一样需要将扩展控制字的对应位赋值，这里不再赘述。

从监控表的操作中可以看到，PKW 对参数的读或写的操作是通过寄存器的一次次赋值以及将 %M0.0、%M0.1、%M0.2 强制为 TRUE 来执行的，当 %M0.0、%M0.1、%M0.2 强制为 FALSE 后即操作结束，并不会跟随 PLC 的扫描周期反复进行，这就是非周期性数据的典型特征。

7.5　工业以太网的非周期性数据

在前面的章节我们提到工业以太网和很多通信协议的应用层都是类似的，如 Modbus TCP 和 Modbus RTU，在非周期性数据的处理上，它们也有很多是类似的。

Modbus TCP 和 Modbus RTU 类似，在处理非周期性数据时，可以使用 READ_VAR 和 WRITE_VAR 功能块，也可以使用 DATA_EXCH 功能块。

Ethernet IP 在处理非周期性数据时，可以使用和周期性数据类似的方法再加上附加的触发条件即可，即人为控制周期性数据的开始和结束，不让数据跟随着循环周期不断地刷新；也可以使用 DATA_EXCH 功能块。

Profinet 在处理非周期性数据时，和 Profibus DP 类似，用 PKW 的读/写办法即可。

总而言之，工业以太网的非周期性数据的处理可以参考本章之前的一些方法，它们只是在网络组态及功能块的部分引脚定义上面有所不同，这里不再赘述。

小　结

　　本章通过实验介绍了多个不同的通信协议访问非周期性数据的方法，但是不同的上位机和受控设备在非周期性数据的处理方法上也许是不同的，本章介绍的方法只能针对对应的型号。

　　非周期性数据通常用于受控设备参数的读/写，这种方式在目前的很多上位机中都是需要通过编程来实现的，需要对数据的结构非常清楚，否则很容易出错；周期性数据则通常只需要通过网络组态来映射出地址便可直接调用。但是，周期性数据通常数量都是有限的，非周期性数据则可以通过编程来实现大量数据的读/写。在使用过程中一定要注意非周期性数据相关的功能或功能块本身是否是循环的、是否需要触发条件，因为很多非周期性数据处理的功能或功能块本身是循环的，需要人为控制其启动和停止，否则很容易导致带宽的大量占用，甚至是设备损坏。

　　周期性数据和非周期性数据在有的通信协议中，仅仅从程序层面看也许差别不大，但它们需要实现的目标是截然不同的。周期性数据传递的是高速、实时的数据，所以被广泛应用于控制和监视；非周期性数据则对速率和实时性的要求不高，但可以大量出现，因为每个非周期性数据在自己的读/写任务完成之后就结束了，并不会占用很大的带宽。

　　目前，很多受控设备都在自身添加了参数切换的功能，通过逻辑输入的组合便可以切换大量的参数；或者添加了可读/写的 DTM，通过对应的软件或脚本便可快速地修改参数。所以，对于通过非周期性数据来修改、读取参数的需求现在越来越少，甚至很多现场人员喜欢直接使用周期性数据和触发条件的组合来实现非周期性数据，因为这样编程的压力会更小。但是，我们还是需要掌握非周期性数据的不同使用方法的，在熟练的运用之后它的程序也是可以直接套用的，而且它对我们加深数据处理的过程很有帮助。

思考与习题

　　1. 读取流量计的实时压力、压力阈值分别需要使用哪种类型的数据？

　　2. Modbus RTU 使用哪些功能块可以实现非周期性数据的读/写？

　　3. 使用 DATA_EXCH 功能块时为什么数据帧内的数据要进行高、低字节位置互换？

　　4. DATA_EXCH 功能块在哪里指定传输数据的长度？

　　5. 使用 READ_VAR 功能块读取 SDO 时 NUM 脚输入的是什么内容？

　　6. 本章 SDO 实例中，如果 M2 一直导通，WRITE_VAR 是否会循环写入数据？

　　7. Telegram 100 中包含 4 个 PKW，是否只能读写 4 个非周期性数据？

　　8. PKW 的输入和输出区的 PKW2 可能包含的内容是什么？

　　9. 西门子 PLC 用于施耐德变频器 PKW 读/写的内部功能块是什么？

　　10. 周期性数据和非周期性数据的典型区别是什么？

思考与习题参考答案

第 8 章　现场总线的选择

知识目标

(1) 了解现场总线的多样性。
(2) 掌握现场总线选择的标准。

能力目标

(1) 掌握如何筛选出合适的现场总线。
(2) 掌握错误的现场总线所带来的后果。

8.1　现场总线的多样性

通过前面的章节，我们了解到目前市场上存在的现场总线是多种多样的，除了前面重点介绍应用较多的 Modbus RTU、CANopen、Profibus DP、Modbus TCP/IP、Ethernet 和 Profinet 以外，还有基金会现场总线 FF、Control Net、World FIP、Interbus、ASI 控制网络、Device Net、CC-Link、Ether CAT、InterBus 等。加上现在很多工业设备在楼宇行业的应用，之前楼宇行业广泛应用的很多总线标准也开始出现在工业设备上，如 Metasys、Apogee、BAC net、Lonworks 等。图 8-1 中列出了部分现场总线。

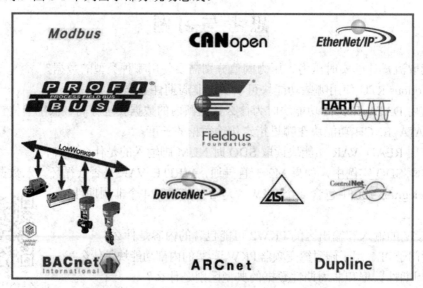

图 8-1　多种多样的现场总线

这些现场总线中每一种都经历了长远的发展和进步，使得其在某一类设备或者某一个行业获得了广泛的应用，如 CANopen 在汽车行业的应用、ASI 控制网络在终端开关类设备的应用、BAC net 在智能建筑上的应用等。当然，也有很多现场总线因为应用范围太窄、协议内容过于复杂等原因遭到了历史的淘汰，但它们一样为其他现场总线的完善和进步提供了宝贵的经验。虽然现在工业以太网的应用是现场总线发展的大趋势，但要在短时间内抛弃、放弃现有的其他现场总线是很困难、也很不现实的。各个行业目前对应于现场总线都有经典的应用案例，新的、统一的现场总线迟迟没有出现，无论是从新的应用还是旧的现场总线的维护来说，目前存在的现场总线都是有其积极的意义和价值的。

现场总线的多样性可以说让人眼花缭乱，那么当我们进行新的现场总线设计或旧的现场总线改造时，如何选择合适的现场总线是一个很重要的问题。合适的现场总线会大大提高生产的效率、减少维护的工作量和成本，不合适的现场总线则会因为中断、卡顿、死机等使生产举步维艰。之前有很多工业现场在设计的阶段就开始抵制现场总线，认为现场总线不安全、不稳定，其实就是因为很多现场总线选择不合理、设计不规范造成的。

8.2　如何选择现场总线

一个合理的现场总线，应该考虑到兼容性、一致性、通信速率、通信距离、设备数量、电磁兼容性、网络拓扑等问题，在所有的现场条件、应用需求、客户要求中筛选出重要的、必要的条件并做出权衡。

1. 兼容性

现场总线的兼容性最基本的要求就是和所连接设备支持的现场总线的兼容。目前，工业现场设备支持的现场总线是多种多样的，位于同一个现场总线或位于一部分现场总线的设备所支持的通信协议必须是互相兼容的，否则设备之间就无法进行数据交换。现场总线的兼容性在设备选型的阶段非常重要，小型设备的通信模块通常都是内置的，需要在选型的阶段就确定好使用的现场总线，并决定使用哪种型号的设备；大型设备的通信模块通常是可以扩展的，设备本身可以先做选型，再根据现场总线来选择通信模块或通信卡进行扩展。如果终端节点的设备确实无法做到通信协议兼容，一定要使用网关类的设备来进行通信协议的转换，来达成现场总线的兼容。

现场总线的兼容性还需要考虑行业应用的兼容，如果某一个现场总线在某一个行业应用中已经有了经典的、通用的案例，那么这种现场总线在选择时优先级应该是最高的，因为这种类型的现场总线会给后续的设计带来很大的便利。一个成熟的、可靠的现场总线在对应行业的应用会更安全、更稳定，现有的案例和控制模块也会大大减少设计人员编程和维护人员设备维护的工作量，成功应用的案例也会加强客户对现场总线的认可度。目前，各大电气自动化公司都在积极推广自己的行业应用方案，如西门子的钢铁行业应用、施耐德的起重和水泵行业应用，在进行现场总线的选择时我们不妨先参考一下这些公司的成熟的方案是否适合自己的现场应用。

现场总线的兼容性更需要考虑到用户的习惯，即现场总线和设计人员、维护人员的兼容性。如果设计人员、维护人员已有自己熟悉的、习惯的、有丰富经验的现场总线，我们应该优先选择这种现场总线。符合用户习惯的现场总线会减少设计、培训、维护的工作量，进而提高生产效率，减少设备故障率，也更容易受到用户的认可。反之，如果我们选择了一个生僻的、复杂的、没有广泛应用的现场总线，即使它性能再卓越、安全性再高，也会带来很大的培训工作量和成本，降低生产效率，增加故障隐患。

2. 一致性

现场总线的种类确实是多样的，但我们应该尽量保持现场总线的一致性。对于单个工业现场来说，现场总线的一致性是指使用尽量少的现场总线类型。

前面的章节中介绍了网关这种可以实现通信协议转换的设备，但在做现场总线设计时我们不推荐大量使用网关。网关数量的增多会造成网络拓扑结构混乱，增加故障点，一旦出现故障，维护人员也会被各种各样的现场总线的组合弄得找不到方向。

一个理想的现场总线应该是在单个工厂或车间内只使用一种现场总线，如果因为种种原因无法实现，现场总线类型的数量最好控制在两种或三种。现场总线的类型越少，网络拓扑结构就越清晰，现场总线对终端节点的管理就越简单一致，数据传输的过程中丢失数据的可能性也就越小；一旦发生故障，维护人员的工作量也小，生产也可以快速恢复，需要设备增加或改造时也更容易实现。反之，如果现场总线的类型众多，网络拓扑结构会非常混乱，现场总线没有统一的管理信息，一旦发生故障，维护人员必须顺着现场总线的结构一级一级地查找故障，各种网关类设备会增加故障点。如果发生严重的、大型的通信故障，可能还需要对所有应用的现场总线都熟悉的专业团队耗费大量的时间进行故障排查，给生产带来巨大的损失。

如果一定要使用一种以上的现场总线，一定要注意网络的分层和分级。例如，同一个工段使用一种现场总线，与车间内其他工段、生产管理办公室进行数据交换时再使用另一种现场总线；或者传感器使用一种现场总线，变频器、软启、电机管理控制器等电机控制设备使用一种现场总线，PLC、触摸屏、工控机使用一种现场总线。即在工厂或车间规模无法只使用一种现场总线的情况下，在控制的层级或设备类型上使用同一种现场总线。网络的分层和分级可以尽量地减少现场总线的使用类型，最大限度地简化控制网络结构。

3. 通信速率

通过前面的章节，我们了解到任何一种现场总线的通信速率都是有限的，它们都会有一个支持的速率的上限。在选择现场总线时，我们必须要预算出现场总线单位时间内需要处理的数据总量，现场总线的速率必须要大于或等于这个总量，很多时候甚至要预留出很大空间的速率。

例如，我们选择一个触摸屏和 10 台变频器连接的现场总线，需要从触摸屏上对每台变频器进行启动、调速控制，对每台变频器状态、输出频率、输出电流、电机热态进行监视，并要求所有的实时动作都能够在 1 s 之内完成。每台变频器需要输出 2 个字，输入 4 个字，共 6 个字即 12 个字节的数据量，10 台变频器共需要 120 个字节的数据量，实时动作需要 1 s 内完成即通信速率需要在 120 B/s 以上即可，单从这个速率的要求来看，大多数现场总线都是满足要求的。当然，实际通信的速率还由触摸屏的运算速度、程序中每台变频器的分时控制、通信故障时的处理信息等决定，我们的换算过程计算的只是纯数据交换需要的速率。考虑到刚才提到的一些附加信息，以及为以后扩展设备做速率空间预留，现场总线的速率必须要有足够的预留空间，即远大于纯数据交换要求的速率。

在进行现场总线的选择时，现场总线的速率必须大于实际需求的速率。但是现场总线的速率并不是越大越好，虽然速率越快代表数据交换越快、单次数据交换需要的时间越短，但过快的速率也代表通信信号受到干扰导致丢包的可能性越大、通信距离越短，同时速率越快代表单位时间内发送器和接收器需要处理的信息越多，对上位机的运算速度、时序分配的合理性、程序编写和优化的要求也会更高。

4. 通信距离

无论哪种现场总线，其通信距离都是有限的。如 Modbus RTU 使用 Schneider TSX CSAp 电缆，数据传输速率为 19 200 b/s 时，最大的通信距离为 1000 m。而且很多通信协议不仅对于总线的总距离有要求，对于分支线路的距离也是有要求的。如 CANopen 最大通信距离可以达到 5000 m，但对每个分支线路的距离应尽量控制在 1~1.5 m 以内。现场总线的距离通常和通信的速率成反比，即通信速率越快通信距离越短。如 Profibus DP 在速率为 9.6 kb/s 时通信距离可以达到 1200 m，但在速率为 12 Mb/s 时通信距离只有 100 m。使用中继器可以延长现场总线的允许距离，但也不是无限的。同一种现场总线也有可能因为传输介质的变化导致通信最大距离的变化。

现场总线的距离是一个很重要参数，如果实际的通信距离超过了现场总线的允许距离，过长线路的阻抗引起的压降、分布电容引起的信号变化等问题会导致现场总线传输的物理信号产生衰减甚至畸变，接收器会无法识别或者错误执行命令。

在进行现场总线的选择时，现场总线的允许距离必须大于实际需求的距离，而且需要留有足够的余量。除了上面提到的过长线路的阻抗和分布电容外，还需要考虑长距离通信电缆更容易受到干扰，设备对干扰信息的处理及设备改造引起的通信距离变化等因素。

5. 设备数量

各种现场总线对设备的总数是有限制的，部分现场总线对于分支的设备数量也是有限制的。如 CANopen 最大设备总量可达 127 个，即 1 个主站，126 个从站，但每个分支的最大设备量只有 64 个。

各种现场总线对设备数量的控制是为了提高通信过程的实时性和稳定性，过多数量的设备意味着大量的数据交换，如果现场总线不对设备数量的上限进行控制，那么通信过程很容易造成拥堵，甚至因为通信风暴而崩溃。现场总线会根据设备的地址进行寻址和访问，设备的地址设置范围通常对应现场总线允许的设备数量，超过设置范围的设备地址不会被允许设置。如果使用了超过现场总线允许数量的设备，并把部分设备设为范围内地址但地址重复的话，就会引起现场总线的访问冲突。

在进行现场总线的选择时，设备数量无论是总数还是分支上的数量都必须小于现场总线的允许值。过多的设备在现场总线上是无法分配地址的，即无法归属于这个现场总线。我们还需要为生产的扩大带来的设备数量增加而预留部分地址，即在现场总线中为这些可能增加的设备预留数量。

6. 电磁兼容性

现场总线应用于工业现场，工业现场的各种干扰对现场总线的电磁兼容性都是很大的挑战。由于每个工业现场的环境都是不同的，我们需要选择的是合适的现场总线，而不是在电磁兼容性各个方面都很强大的现场总线。例如，如果工业现场可以实现动力电缆、控制电缆、通信电缆的分开布线，动力部分和控制部分都有可靠的、单独的接地，通信电缆有屏蔽层，通信电缆和其他强电电缆空间足够则实现交叉布线、空间不足必须平行布线的话，通信电缆要穿镀锌管进行隔离，动力电源和控制电源用隔离变压器等进行隔离，那么电磁兼容环境相对来说是比较好的，对于现场总线的要求就会更低。反之，如果现场电磁兼容环境恶劣，则对现场总线的电磁兼容性要求就会更高。

现场总线的电磁兼容性性能主要体现在传输介质和通信校验、通信校正等参数上。如第 2 章提到的双绞线、同轴电缆、光缆这三种传输介质中，带有屏蔽层的双绞线已经可以满足大部分工业现场的使用需求，同轴电缆由于内、外导体同轴的结构使得抗干扰能力更强，光缆则由于传递的是光信号而不是电信号几乎可以无视电磁干扰。通信校验中 LRC 纵向冗余校验由于采用的是复合的奇偶校验方式，决定了它比奇偶校验方式更可靠。通信校正的方法中，连续式自动重传由于只有出现错误的时候才会重发信息，比停止等待式的自动重传具有更高的效率。

在进行现场总线的选择时，必须要考虑电磁兼容性来进行合适的选择。例如，在现场电磁兼容环境良好的情况下坚持使用光缆，从电磁兼容性的角度来看是不合理的，因为成本更低、结构更简单的双绞线已经可以满足需求，虽然光缆抗电磁干扰能力确实是最强的，但却没有太大的用武之地。

7. 网络拓扑

现场总线支持的网络拓扑结构也是选择现场总线必须要考虑的因素，很多现场总线因为设备的接口及总线处理数据的方式不同都会对网络拓扑结构有所限制。

星形拓扑结构比较适用于终端节点众多且处理能力一般的场合，它对终端节点的信息处理能力要求不高，而且由于每个终端节点都是通过点对点的方式连接至中心节点的，一个终端节点的意外中断不会影响到其他终端节点的通信。

环形拓扑的优势在于现在很多设备都支持 RSTP 功能，能够实现双向传输；而双向传输的好处在于通信会自动选择通信速率较快的方向，而且当一个方向的链路出现故障时通信可以从另外一条链路正常进行。

总线形拓扑结构简单，易排查故障，容易安装，更节约电缆，但是它在距离过长时会因为线路的阻抗、信号在总线上的反射造成信号的衰减或错误。

树形拓扑结构的优势在于它对设备的数量、速率、数据类型等没有太多要求，有很强的扩展性。

从上述可以看到，各种网络拓扑都有自身的优势和劣势，我们必须考量现场总线支持的网络拓扑结构是否适合现场的需求。一个合适的现场总线不仅要在网络拓扑上和现场设备能够对应，还要使网络拓扑结构尽量简单、易读。清晰的网络拓扑便于技术人员理解通信产生的过程，也有利于故障排查。

小　　结

本章阐述了现场总线多样性的现状及选择现场总线需要注意的问题。相对来说，如果是改造类的现场总线，其选择会比较容易，因为受到现有设备的限制，能够被选择的现场总线往往比较有限。如果是新建的现场总线，则要根据现场的特点，依靠现场总线的兼容性、一致性、通信速率、通信距离、设备数量、电磁兼容性、网络拓扑等来做出合适的选择。现场总线的选择是值得我们花时间和精力去认真研究的，因为好的现场总线确实可以提高生产效率，降低生产成本，减小维护工作量。

当然，如本章中提到的，除了现场总线自身的技术特性外，客户的习惯、行业的标准、现场总线的成本也是现场总线选择中需要考虑的重要因素。

思 考 与 习 题

1. 现场总线的选择需要考虑哪些因素？

2. 现场如果存在一种以上的现场总线，应该如何对网络进行分层和分级？

3. 现场总线如果有多种速率可选，使用最快的速率是否一定是最好的？

4. "由于可以使用中继器，现场总线的距离是不需要考虑的问题"，这种说法是否正确？为什么？

5. 如何才能尽量减小工业现场的电磁干扰？

思考与习题参考答案

附录 1　施耐德变频器 I/O Scanner 介绍

施耐德的变频器很多都内置了 Modbus RTU 的通信协议，在这些变频器的 Modbus 通信配置中，都可以看到一个名叫"I/O Scanner"即通信扫描器的配置列表。如 ATV71 的 SoMove 配置页面中的 I/O Scanner 配置如附图 1-1 所示。

代码	长标签	当前值	缺省值	最小值	最大值	逻辑地址
▼ COM.SCANNER INPUT						
NMA1	Scan. input 1 address	3201	3201	0	65535	12701
NMA2	Scan. input 2 address	8604	8604	0	65535	12702
NMA3	Scan. input 3 address	0	0	0	65535	12703
NMA4	Scan. input 4 address	0	0	0	65535	12704
NMA5	Scan. input 5 address	0	0	0	65535	12705
NMA6	Scan. input 6 address	0	0	0	65535	12706
NMA7	Scan. input 7 address	0	0	0	65535	12707
NMA8	Scan. input 8 address	0	0	0	65535	12708
▼ COM SCANNER OUTPUT						
NCA1	Scan output 1 address	8501	8501	0	65535	12721
NCA2	Scan output 2 address	8602	8602	0	65535	12722
NCA3	Scan output 3 address	0	0	0	65535	12723
NCA4	Scan output 4 address	0	0	0	65535	12724
NCA5	Scan output 5 address	0	0	0	65535	12725
NCA6	Scan output 6 address	0	0	0	65535	12726
NCA7	Scan output 7 address	0	0	0	65535	12727
NCA8	Scan output 8 address	0	0	0	65535	12728

附图 1-1　I/O Scanner 配置

1. I/O Scanner 的优势

I/O Scanner 的主要作用，就是能够让用户用"连续地址"来对"非连续地址"进行读或写的操作。

如附图 1-1 中 ATV930 的 SoMove 配置页面中的 I/O Scanner 配置，可以看到：

Scan.input 1 address 的默认地址为 3201，逻辑地址为 12701；

Scan.input 2 address 的默认地址为 8604，逻辑地址为 12702；

Scan output 1 address 的默认地址为 8501，逻辑地址为 12721；

Scan output 2 address 的默认地址为 8602，逻辑地址为 12722。

另外，还有一类寄存器是 SoMove 软件中没有列出的，这类寄存器的地址为：

储存 Scan.input 1 address 值的地址为 12741；

储存 Scan.input 2 address 值的地址为 12742；

储存 Scan output 1 address 值的地址为 12761；

储存 Scan output 2 address 值的地址为 12762。

通过前面的实验，我们已经知道 3201 是变频器的状态字，8604 是变频器的输出转速，8501 是变频器的控制字，8602 是变频器的转速给定。

如果不使用 I/O Scanner，在对变频器进行控制和监视时，我们需要多个单独读/写的命令来对各个寄存器进行操作。例如，读取变频器的状态就需要读取 3201 寄存器里的内容，读取变频器的输出转速就要读取 8604 寄存器里的内容，控制变频器启/停就要改变 8501 寄存器的值，改变变频器的转速给定就要改变 8602 寄存器里的值。很多 PLC 在编程时都是将从站寄存器的地址和自身寄存器的地址做映射，然后直接读取/写入自身寄存器的地址来实现对从站的控制和监视，如果不使用 I/O Scanner 的话就需要多个 Read/Write 类的命令，如默认的 4 个输入/输出寄存器就需要使用 4 个 Read/Write 类的命令。

如果使用 I/O Scanner，I/O Scanner 已经将 3201、8604、8501、8602 这些"非连续地址"和 12741、12742、12761、12762 这些"连续地址"映射好了，当需要对这些地址进行读/写操作时，只需要 2 个读取/写入命令就可以完成。例如：

将读取的起始地址设为 12741，连续读取数量设置为 2，即可读取 12741 和 12742 即 3201、8604 的值；将写入的起始地址设为 12761，连续写入数量设置为 2，即可写入 12761 和 12762 即 8501、8602 的值。

这里我们只需要 2 个 Read/Write 类的命令就可以完成不使用 I/O Scanner 时 4 个 Read/Write 类的命令才能完成的工作。可见，需要读/写的"非连续地址"越多，使用 I/O Scanner 的优势就越明显。如果在 I/O Scanner 里定义了 8 个非连续的输入，8 个非连续的输出，那么我们只需要 2 个 Read/Write 类的命令就可以完成不使用 I/O Scanner 时 16 个 Read/Write 类的命令才能完成的工作。

2. I/O Scanner 的地址和值

在对 I/O Scanner 进行操作时，需要注意 I/O Scanner 的输入和输出都是针对变频器的上位机而言的。如 I/O Scanner 输入的第一个默认为状态字 3201，它的值是由变频器输出到上位机的，但对上位机而言是输入，所以将其放到 I/O Scanner 输入里。

I/O Scanner 的地址映射如附表 1-1 所示。

附表 1-1 I/O Scanner 的地址映射

I/O Scanner	默认值	I/O Scanner 输入 1 的地址	I/O Scanner 输入 1 的值
I/O Scanner 输入 1	3201	12701	12741
I/O Scanner 输入 2	8604	12702	12742
I/O Scanner 输入 3	0	12703	12743
I/O Scanner 输入 4	0	12704	12744
I/O Scanner 输入 5	0	12705	12745
I/O Scanner 输入 6	0	12706	12746
I/O Scanner 输入 7	0	12707	12747
I/O Scanner 输入 8	0	12708	12748
I/O Scanner 输出 1	8501	12721	12761
I/O Scanner 输出 2	8602	12722	12762
I/O Scanner 输出 3	0	12723	12763
I/O Scanner 输出 4	0	12724	12764

续表

I/O Scanner	默认值	I/O Scanner 输入 1 的地址	I/O Scanner 输入 1 的值
I/O Scanner 输出 5	0	12725	12765
I/O Scanner 输出 6	0	12726	12766
I/O Scanner 输出 7	0	12727	12767
I/O Scanner 输出 8	0	12728	12768

这里需要注意区分不同地址的作用，以 I/O Scanner 输入 1 为例，它的默认值是 3201 即状态字，12701 里存储的值是 I/O Scanner 输入 1 的地址定义即 3201，12741 里存储的值是 I/O Scanner 输入 1 的值即当前状态字的值。

通过列表可以看到，通过 12701～12708，12721～12728 可以快速、连续地对需要读/写的地址做连续、批量的修改，通过 12741～12748，12761～12768 可以对多个非连续地址的寄存器的值进行读/写。

在实际应用中，I/O Scanner 的熟练应用可以简化程序，提高程序的可读性，同时提高 PLC 的运行效率，使通信的控制和监视更为流畅。

附录 2　施耐德变频器的通信控制流程

　　作为一个执行器，变频器有自己的通信控制流程，其主要内容是如何实现变频器的一系列控制及监视，例如如何实现正转、停车，以及当时的状态值是多少等。这里将以施耐德 ATV71 系列变频器为例来讲解它的通信控制流程。

　　施耐德 ATV71 系列变频器的控制模式有组合通道、隔离通道、I/O 模式、兼容 ATV58 等四种，其中"兼容 ATV58"模式是为了替换老型号 ATV58 变频器而使用，和 ATV71 自身的通信控制流程无关，这里不做描述，我们只介绍组合通道、隔离通道、I/O 模式这三种模式下通信控制流程的区别。

1. 组合、隔离模式的控制流程

　　施耐德 ATV71 变频器有控制通道和给定通道的设置，控制通道定义了变频器的控制命令如正转、停车等的来源，给定通道定义了变频器的调速命令如频率给定、转速给定的来源。

　　当"控制模式"设置为"组合通道"时，控制通道跟随给定通道，且控制通道不可见。例如：给定通道设置为面板时，控制通道也就是面板；给定通道设置为 AI1(端子上的模拟量输入)时，控制通道也就是端子排(端子上的数字逻辑输入)；给定通道设置为通信卡，控制通道也就是通信卡。简单来说，当"控制模式"设置为"组合通道"时，从哪里调速就从哪里控制，控制通道和给定通道是组合的关系。

　　当"控制模式"设置为"隔离通道"时，控制通道和给定通道都是可见的，而且可以单独设置。例如，给定通道设置为面板时，可以把控制通道设置为面板、端子排、通信卡，控制通道的设置是任意的，和给定通道的值无关。简单来说，当"控制模式"设置为"隔离通道"时，从哪里调速和从哪里控制是可以单独设置的，可以设置成一致的通道，也可以设置成不一样的通道。

　　当"控制模式"设置为"组合通道"或者"隔离通道"时，如果控制通道是通信，通信控制必须要遵从 Drivecom 流程。其 DSP402 状态表如附图 2-1 所示。

　　Drivecom 流程图中各个组件的定义如附图 2-2 所示。

　　Drivecom 流程图中定义了变频器在各种状态下变频器状态字 ETA 的值，及控制字 CMD 发送对应命令后变频器状态的变化。具体步骤如下：

　　步骤 1，在变频器刚刚送电时，如果主回路交流电源也是有电的，则状态字 ETA=16#xx50，变频器面板会显示 NST。

　　步骤 2，给控制字 CMD 赋值 16#0006，则状态字 ETA=16#xx31，变频器面板会显示 RDY。

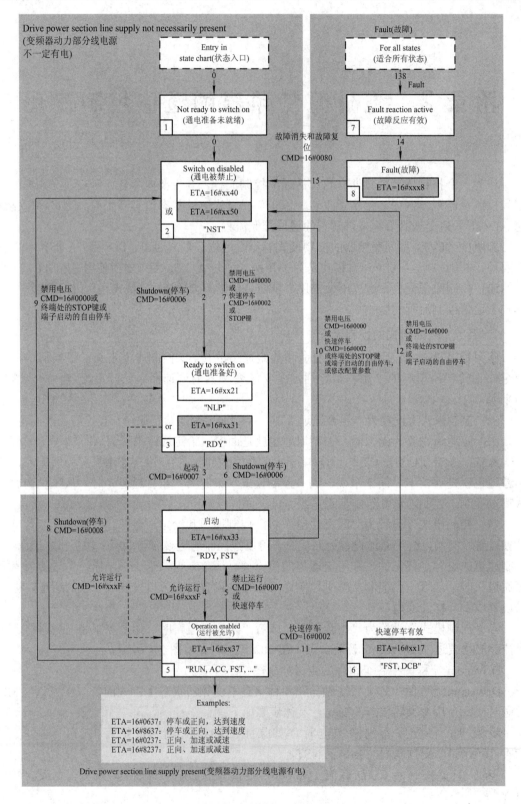

附图 2-1　DSP402 状态表

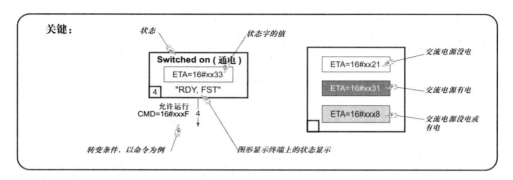

附图 2-2　各个组件的定义

步骤 3，给控制字 CMD 赋值 16#0007，则状态字 ETA=16#xx33，变频器面板依然显示 RDY。

步骤 4，给控制字 CMD 赋值 16#000F，则状态字 ETA=16#xx37，变频器面板显示 ACC 开始加速，并在频率到达给定频率时显示 RUN。(需要注意的是，在变频器初次上电时，如果给定通道也是通信，由于给定频率/转速寄存器中的值是未知的，需要在给控制字 CMD 赋值 16#000F 之前先给给定频率/转速寄存器赋一个任意初始值，即在 8502 或 8602 里写入一个任意值，否则变频器会因为考虑安全问题不能启动。)

如果需要停车，则可以按照步骤 5 给控制字 CMD 赋值 16#0007，使其进入自由停车(新版的 ATV71 变频器新增了一个参数，可以将这一步中的停车方式修改为斜坡停车等)；或者按照步骤 11 给控制字 CMD 赋值 16#0002，使其进入快速停车。

当变频器发生故障时，状态字 ETA 会变为 16#xxx8，按照步骤 15 可以给控制字 CMD 赋值 16#0080 来复位故障。

Drivecom 流程是一个标准的通信控制流程，它的意义在于它定义了变频器在各个不同的状态下其状态字 ETA 值的变化及进行到下一步时控制字 CMD 值的需求。对变频器自身而言，如果控制字 CMD 的值发生了变化而通信控制流程无法进行到下一步，即状态字 ETA 没有发生对应的改变，则是变频器自身有相应的故障或内部损坏。通过状态字 ETA 的值的读取，我们可以快速地查询到变频器的通信控制流程卡在了哪一步，从而快速地排查故障。例如，步骤 2 和步骤 3 中给控制字 CMD 赋值 16#0006 及 16#0007，变频器有内部自检的过程，如果变频器的状态字 ETA 不能变为 16#xx31 或 16#xx33，则很有可能是变频器有内部故障。

在 Drivecom 流程下，控制字 CMD 和状态字 ETA 每一位的定义及不同状态下的值分别如附表 2-1 和附表 2-2 所示。

附表 2-1　控制字 CMD 的定义

控制字(CMD)

bit 7	bit 6	bit 5	bit 4		bit 3	bit 2	bit 1	bit 0
故障复位	保留(=0)	保留(=0)	保留(=0)		允许运行	快速停车	允许电压	通电
确认故障					运行命令	紧急停车	提供交流电源的授权	接触器控制

bit 15	bit 14	bit 13	bit 12		bit 11	bit 10	bit 9	bit 8
可定义	可定义	可定义	可定义		缺省情况下为转动方向命令	保留(=0)	保留(=0)	Halt(暂停) Halt(暂停)

命令	转移地址	最终状态	bit 7	bit 3	bit 2	bit 1	bit 0	示例数值
			故障复位	允许运行	快速停车	允许电压	通电	
Shutdown (停车)	2，6，8	3-Ready to switch on(通电)	×	×	1	1	0	16#0006
Switch on (通电)	3	4-Switched on (通电)	×	×	1	1	1	16#0007
Enable operation (允许运行)	4	5-Operation enabled (运行被允许)	×	1	1	1	1	16#000F
Disable operation (禁止运行)	5	4-Switched on (通电)	×	0	1	1	1	16#0007
Disable voltage (禁用电压)	7，9，10，12	2-Switch on disabled (通电被禁止)	×	×	×	0	×	16#0000
Quick stop (快速停车)	11	6-Quick stop active (快速停车有效)	×	×	0	1	×	16#0002
	7，10	2-Switch on disabled (通电被禁止)						
Fault reset (故障复位)	15	2-Switch on disabled (通电被禁止)	0→1	×	×	×	×	16#0080

注:

×:值对此命令无意义;

0→1:命令为上升沿,快速停车有效。

附表 2-2 控制字 ETA 的定义

状态字(ETA)

bit 7	bit 6	bit 5	bit 4
警告	通电被禁止	快速停车	电压有效
报警	动力部分线电源或禁止	紧急停车	动力部分线电源有电

bit 3	bit 2	bit 1	bit 0
故障	运行被允许	通电	通电准备就绪
故障	运行	就绪	动力部分线电源挂起

bit 15	bit 14	bit 13	bit 12
转动方向	通过 STOP 键停车	保留(=0)	保留(=0)

bit 11	bit 10	bit 9	bit 8
内部限值有效	达到目标	远程	保留(=0)
给定超出限制	达到给定	通过网络给出的命令或给定	

命令	bit 6 通电被禁止	bit 5 快速停车	bit 4 电压被允许	bit 3 故障	bit 2 运行被允许	bit 1 通电	bit 0 通电准备就绪	ETA(W3201) 掩码为 16#006F[①]
1-Not ready to switch on(通电准备未就绪)	0	×	×	0	0	0	0	—
2-Switch on disabled (通电被禁止)	1	×	×	0	0	0	0	16#0040
3-Ready to switch on (通电准备就绪)	0	1	×	0	0	0	1	16#0021
4-Switched on(通电)	0	1	1	0	0	1	1	16#0023
5-Operation enabled (运行被允许)	0	1	1	0	1	1	1	16#0027
6-Quick stop active (快速停车有效)	0	0	1	0	1	1	1	16#0007
7-Fault reaction active (故障反应有效)	0	×	×	1	1	1	1	—
8-Fault(故障)	0	×	×	1	0	0	0	16#0008[②] 或 16#0028

注:

×:在此状态下,该位的值可以是 0 或 1。

① 此掩码可被 PLC 程序使用,以测试表状态。

② 后面的故障状态"6-Quick stop active"(快速停车有效)。

2. I/O 模式的控制流程

当"控制模式"设置为"I/O 模式"时，变频器的控制字 CMD 这个字中的 16 位会被用作 16 个 I/O 输入。ATV71 的控制字 CMD 在 I/O 模式下的对应关系如附表 2-3 所示。

附表 2-3 I/O 模式下的控制字 CMD

端子	集成的 Modbus 总线	集成的 CANopen 总线	通信卡	内置控制器卡	内部位，可被切换
					CD00
LI2(1)	C101(1)	C201(1)	C301(1)	C401(1)	CD01
LI3	C102	C202	C302	C402	CD02
LI4	C103	C203	C303	C403	CD03
LI5	C104	C204	C304	C404	CD04
LI6	C105	C205	C305	C405	CD05
LI7	C106	C206	C306	C406	CD06
LI8	C107	C207	C307	C407	CD07
LI9	C108	C208	C308	C408	CD08
LI10	C109	C209	C309	C409	CD09
LI11	C110	C210	C310	C410	CD10
LI12	C111	C211	C311	C411	CD11
LI13	C112	C212	C312	C412	CD12
LI14	C113	C213	C313	C413	CD13
—	C114	C214	C314	C414	CD14
—	C115	C215	C315	C415	CD15

如果 ATV71 的"2/3 线控制"被设置为 2 线制，则控制字 CMD 的 bit0 被用于启动和停止，即 bit0 置 1 时启动，bit0 置 0 时停止。

如果 ATV71 的"2/3 线控制"被设置为 3 线制，则控制字 CMD 的 bit0 被用于停止，bit1 被用于启动，即 bit0 置 0 时停止，bit1 置 1 时启动。

如果想将控制字 CMD 的其他位应用于其他功能，则需要将对应的功能设置为这个位即可。例如，如果想将 bit3 设置为"反转"，则需要在变频器的菜单中找到参数"反转"，并将其设置为 CD03 即可。

从上面的表中我们可以看到，关于控制字 CMD 的设置有多个不同的选项，它们在应用时会有所区别。还是以 bit3 设置为"反转"为例，如果是使用变频器内置的 Modbus 通信，则设置为 C103 或 CD03 都是可行的，但这两种方式会有所区别。如果设置为 C103，则无论控制通道是端子还是通信，始终由 Modbus 通信的控制字 CMD 的 bit3 来控制反转；如果设置为 CD03，当控制通道是端子时由 LI4 来控制反转，当控制通道是 Modbus 通信时由 Modbus 通信的控制字 CMD 的 bit3 来控制反转。

也就是说，如果功能被设置为 CXXX，则使用固定的通道，不会随着控制通道的切换而改变。例如：设置为 C2XX 就固定使用内置的 CANopen 通信的控制字 CMD 的某一位来控制；设置为 C3XX 就固定使用外加通信卡的通信的控制字的某一位来控制；设置为 LIX 时就固定使用某个逻辑输入来控制。如果功能被设置为 CDXX，则使用可切换的通道，控制通道的切换会导致实际有效的控制通道的切换；功能"反转"设置为 CD03 时，控制通道是内置 CANopen 通信时由 CANopen 通信的控制字 CMD 的 bit3 来控制反转，控制通道是通信卡时由通信卡的控制字 CMD 的 bit3 来控制反转。需要注意的是，CD14 和 CD15 没有对应的逻辑输入，因为变频器即使加了扩展卡也没有这么多逻辑输入用来和控制字 CMD 对应，所以它们只能用于 2 个通信之间的相互切换。

　　和"组合模式"及"隔离模式"类似，在使用"I/O 模式"的时候，在变频器初次上电时，如果给定通道也是通信，由于给定频率/转速寄存器中的值是未知的，需要在给控制字 CMD 对应的位赋值启动之前先给给定频率/转速寄存器赋一个任意初始值，即在 8502 或 8602 里写入一个任意值，否则变频器会因为考虑安全问题不能启动。

3. 不同控制流程的区别

　　综上所述，ATV71 变频器在使用"组合模式"及"隔离模式"时，需要遵从 Drivecom 流程，这是一个标准的控制流程，在整个控制流程中变频器会进行自检，而且控制流程的不同位置中状态字会发生对应的变化，是一个标准的、规范的控制流程，便于提前发现故障。

　　在使用"I/O 模式"时，控制流程变得非常简单，直接由控制字 CMD 的各个位来对应不同的功能，需要使用功能时直接触发对应的位即可。但由于没有过程的检测，只有在发生故障之后再回查才能知道故障发生的原因。

附录 3　施耐德 SoMove 软件的安装、联机和配置

SoMove 软件是施耐德电气公司一款功能强大的软件,可以对诸多施耐德的产品如变频器、软启、Tesys T 电动机管理控制器、Tesys U 电动机控制器、伺服驱动器等进行配置、监视和诊断。相对于设备自带的面板,SoMove 软件界面更丰富、更人性化,操作更简便,给设备数量多、种类杂的现场调试带来了很多便利。

1. SoMove 软件的安装

SoMove 软件的安装分为 SoMove 软件本体的安装、产品 DTM 的安装、通信电缆的驱动安装三部分。

在施耐德电气公司的全球官网 https://www.schneider-electric.com/ww/en/ 直接搜索 SoMove,可以找到 SoMove 软件本体和产品 DTM 的下载链接,如附图 3-1 所示。

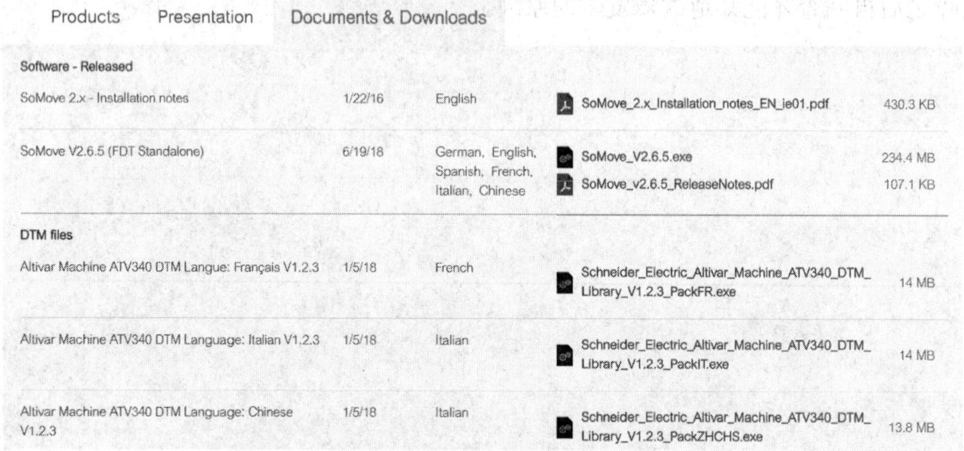

Products	Presentation	Documents & Downloads		
Software - Released				
SoMove 2.x - Installation notes	1/22/16	English	SoMove_2.x_Installation_notes_EN_ie01.pdf	430.3 KB
SoMove V2.6.5 (FDT Standalone)	6/19/18	German, English, Spanish, French, Italian, Chinese	SoMove_V2.6.5.exe	234.4 MB
			SoMove_v2.6.5_ReleaseNotes.pdf	107.1 KB
DTM files				
Altivar Machine ATV340 DTM Langue: Français V1.2.3	1/5/18	French	Schneider_Electric_Altivar_Machine_ATV340_DTM_Library_V1.2.3_PackFR.exe	14 MB
Altivar Machine ATV340 DTM Language: Italian V1,2.3	1/5/18	Italian	Schneider_Electric_Altivar_Machine_ATV340_DTM_Library_V1.2.3_PackIT.exe	14 MB
Altivar Machine ATV340 DTM Language: Chinese V1.2.3	1/5/18	Italian	Schneider_Electric_Altivar_Machine_ATV340_DTM_Library_V1.2.3_PackZHCHS.exe	13.8 MB

附图 3-1　SoMove 软件本体和产品 DTM 的下载

下载 SoMove 软件本体:**SoMove V2.6.4 (FDT Standalone)**。

再下载当前使用产品的 DTM,例如当前使用了变频器 ATV71 和 ATV930,则需要下载 **Altivar DTM Library V12.7: ATV12,ATV31/312,ATV32,ATV61,ATV71,ATV LIFT,ATV212 和 Altivar Process ATV900 - DTM Library V1.6.1** 这两个 DTM。

下载完毕之后,先安装 SoMove 软件本体,再安装产品 DTM。安装时尽量安装在默认目录或者任意驱动器的根目录,安装路径尽量使用英文。安装完毕后在启动 SoMove 时软件会提示是否加载新的产品目录,选择“确定”即可将安装的产品 DTM 加载。

我们在实验中使用的通信电缆为 TSXCUSB485,下载其对应系统的驱动并安装即可。

2. SoMove 软件的联机

将通信电缆 TSXCUSB485 的一端连接至 PC 的 USB 接口，另一端通过普通网线连接至设备即可。为了保证正常联机，PC 的端口、通信电缆的拨码、设备的接口都需要正确的配置。

在 PC 侧，首先打开"设备管理器"，检查通信电缆的驱动是否已经正常安装，通信电缆是否已被识别，并确认系统给通信电缆分配的端口号，如附图 3-2 所示。

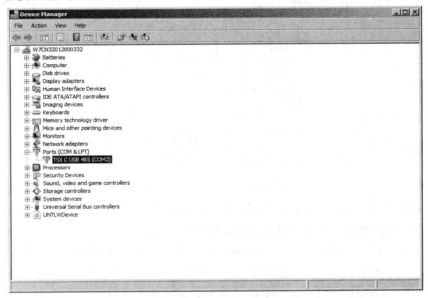

附图 3-2 系统分配的端口号

在本例中，设备分配给通信电缆的端口号为"COM2"。

双击任务栏右下角的图标 ，打开施耐德串口驱动工具，在配置界面将端口同样选择为"COM2"，并将通信的格式如波特率、奇偶校验方式等设置为和设备通信端口一致，如附图 3-3 所示。

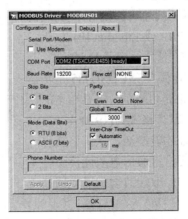

附图 3-3 端口格式设置

打开 SoMove 软件，点击"编辑连接/扫描"，在弹出的对话框中选择"Modbus 串行"，再点击右上角的 按钮打开"高级设置"对话框。将"COM 端口"一样选择为"COM2"，并将通信的格式如波特率、奇偶校验方式等设置为和设备通信端口一致，如附图 3-4 所示。

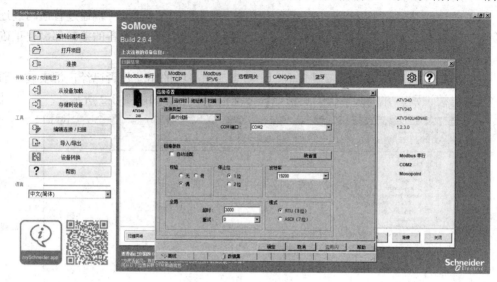

附图 3-4　SoMove 端口设置

这些设置完成后，就可以点击"扫描网络"，如果设备已正常连接且设置正确，就可以在对话框中看到该设备，如图中的 ATV340 变频器。

在"扫描结果"对话框中，除了 Modbus 串行之外，还有 Modbus TCP、Modbus IPV6、远程网关、CANopen、蓝牙等不同的连接方式。本例中，我们使用的通信电缆 TSXCUSB485 是基于 Modbus 的，所以选择的是 Modbus 串行，如果使用其他的方式将 PC 和设备连接，则需要选择其他的连接方式并进行配置，所以一定要注意通信电缆和设备端口支持的是哪种协议。

在设备侧，如果设备同时有多个端口，一定要注意连接到正确的端口并对通信参数进行正确的配置。如附图 3-5 所示，ATV930 有三类通信端口：位于正面的①HMI 端口，基于 Modbus；位于控制端子右侧的②以太网端口，基于 Modbus TCP/IP 或 Ethernet IP；位于控制端子右侧的④Modbus RTU 端口，基于 Modbus。

本例中，我们使用的通信电缆 TSXCUSB485 是基于 Modbus 的，连接至①或④都是可以的。需要注意的是，端口①不需要配置地址，默认格式为(19200，8，E，1)，端口④则需要配置地址才能激活，默认格式也是(19200，8，E，1)。千万不要错将通信电缆连接至端口②，虽然它们都是 RJ45 接口，但端口②是以太网的端口，并不是 Modbus 端口。

当然，如果我们使用网线将 PC 和 ATV930 直连，则需要连接至端口②，并将 PC 和 ATV930 的网络进行配置。在 SoMove 中也要选择 Modbus TCP 或远程网关的方式来进行连接。

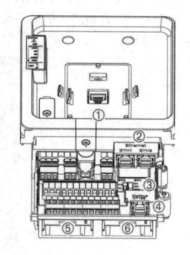

附图 3-5　ATV930 的通信端口

总而言之，SoMove 软件的正确联机是建立在系统、驱动、软件的端口和格式一致上的，而且要保证 PC、通信电缆、设备的端口每一个节点支持的协议是一致的。

3. SoMove 软件的配置

SoMove 软件正常扫描出连接的设备后，就可以开始对设备进行配置了。以 ATV930 变频器为例，SoMove 软件的配置页面包括"我的设备"、"我的控制板"、"参数列表"、"参数布局"、"诊断"、"显示"和"示波器"七个标签页，如附图 3-6 所示。

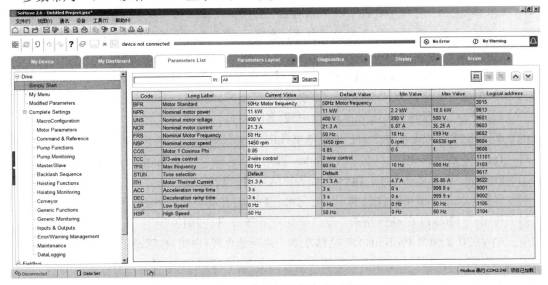

附图 3-6　SoMove 软件的配置页面

"我的设备"标签显示的是当前变频器的型号、扩展卡信息、版本信息等，主要展示的是硬件的拓扑结构。

"我的控制板"标签列出了常用的参数的监视及修改，可以快速地修改参数及对变频器进行监视。

"参数列表"标签列出了当前变频器的所有参数，是以列表形式展现的，用于参数的配置。

"参数布局"标签则把当前变频器的部分参数按照功能进行了分块布局，便于特定功能参数的查找和配置。

"诊断"标签显示的是变频器的运行状态，如变频器当前的状态、输出频率、输出电流、故障历史记录等。

"显示"标签则可以用仪表或者曲线的形式将变频器的特定参数显示出来，便于在线监控。

"示波器"标签可以将变频器的多个参数以曲线的形式进行监视，并可以设定开始记录的触发条件。

除了几个标签页之外，"设备"菜单还可以打开变频器控制面板、恢复出厂设置、保存配置等操作。

更多详细的 SoMove 软件配置功能，可以参考 SoMove 软件的帮助文档及相关设备的 DTM 介绍。

参 考 文 献

[1]　阳宪惠 主编. 现场总线技术及其应用. 北京：清华大学出版社，2009.

[2]　郭琼 主编. 现场总线技术及其应用. 北京：机械工业出版社，2017.

[3]　刘泽详 主编. 现场总线技术. 北京：机械工业出版社，2011.

[4]　王永华 主编. 现场总线技术及应用教程. 北京：机械工业出版社，2012.

[5]　李正军 主编. 现场总线及其应用技术. 北京：机械工业出版社，2005.

[6]　ATV71 变频器 Modbus 通信说明. 施耐德电气(中国)有限公司，2003.

[7]　ATV71 变频器 CANopen 通信说明. 施耐德电气(中国)有限公司，2003.

[8]　M340 PLC 编程指南. 施耐德电气(中国)有限公司，2008.

[9]　M580 PLC 编程指南. 施耐德电气(中国)有限公司，2016.

[10]　ATS48 软启动器用户手册. 施耐德电气(中国)有限公司，2005.

[11]　Tesys T 电动机管理控制器 CANopen 用户手册. 施耐德电气(中国)有限公司，2009.

[12]　Profibus 技术描述文案. 西门子电气有限公司，1997.

[13]　M580 以太网模块通信说明. 施耐德电气(中国)有限公司，2016.

[14]　西门子 1200 PLC 编程指南. 西门子电气有限公司，2017.

[15]　ATV930 变频器 Profibus DP 通信手册. 施耐德电气(中国)有限公司，2003.

[16]　ATV930 变频器以太网通信手册. 施耐德电气(中国)有限公司，2016.

[17]　ATV340 变频器 Profinet 通信手册. 施耐德电气(中国)有限公司，2016.

[18]　ATV71 变频器编程手册. 施耐德电气(中国)有限公司，2015.

[19]　ATV930 变频器编程手册. 施耐德电气(中国)有限公司，2018.

[20]　ATV340 变频器编程手册. 施耐德电气(中国)有限公司，2018.